浅埋煤层长壁开采岩层控制

黄庆享　著

科学出版社

北京

内 容 简 介

本书以神府东胜煤田为背景，系统阐述了浅埋煤层矿压规律，提出了浅埋煤层的科学定义，建立了浅埋煤层顶板结构模型，给出了支架工作阻力的计算方法，形成了浅埋煤层顶板控制基本理论，并提出了"等效直接顶"的概念，建立了大采高采场顶板结构理论。本书还揭示了覆岩"上行裂隙"和"下行裂隙"发育规律，建立了隔水层稳定性判据，提出了保水开采的分类和方法，建立了浅埋煤层保水开采岩层控制基本理论。此外，本书提出了浅埋近距离煤层群分类，建立了煤层群顶板结构理论，提出了浅埋煤层群开采煤柱应力和地表裂缝耦合控制方法。

本书系统地建立了浅埋煤层开采的岩层控制基本理论，可供采矿工程、环境工程、岩土工程、地质工程等学科研究人员、专业技术人员和生产管理者参考。

图书在版编目（CIP）数据

浅埋煤层长壁开采岩层控制 / 黄庆享著. —北京：科学出版社，2018.5
ISBN 978-7-03-056873-1

Ⅰ.①浅… Ⅱ.①黄… Ⅲ.①薄煤层采煤法—长壁采煤法 Ⅳ.①TD823.25 ②TD823.4

中国版本图书馆 CIP 数据核字（2018）第 048941 号

责任编辑：祝 洁 徐世钊 / 责任校对：郭瑞芝
责任印制：张 伟 / 封面设计：陈 敬

科 学 出 版 社 出版
北京东黄城根北街 16 号
邮政编码：100717
http://www.sciencep.com

北京中石油彩色印刷有限责任公司 印刷
科学出版社发行 各地新华书店经销
*
2018 年 5 月第 一 版 开本：720×1000 B5
2018 年 5 月第一次印刷 印张：14 彩插：3
字数：286 000
定价：110.00 元
（如有印装质量问题，我社负责调换）

序

  中国学者黄庆享教授自 1993 年开始从事浅埋煤层岩层控制的研究,开展了大量开创性工作,在 5 项中国国家自然科学基金项目连续资助下,历经 20 多年的研究,总结成果形成了该书。他在 2005 年至 2006 年曾在美国西弗吉尼亚大学采矿系做访问学者,我为合作导师,开展保水开采岩层控制研究。近年来,我开始关注中国在浅埋煤层的研究工作,查阅了黄庆享教授在该领域的大量文献,对中国在浅埋煤层岩层控制领域的研究有了较系统的了解。该书是他对 20 多年浅埋煤层长壁开采岩层控制研究的系统总结,也是填补国际浅埋煤层长壁开采岩层控制领域空白的代表性著作。该书的创新性和贡献主要体现在:

  (1) 创立了浅埋煤层岩层控制的基本理论。揭示了浅埋煤层顶板台阶下沉机理,基于单一关键层和双关键层结构,提出了浅埋煤层的定义。建立了采场初次来压的"非对称三铰拱"结构模型和周期来压的"台阶岩梁"结构模型,阐明了浅埋煤层工作面"埋藏浅,压力大"的机理;提出了地表厚沙土层载荷传递因子,测定了顶板结构端角挤压和端角摩擦系数,基于支架"给定失稳载荷"工作状态,提出了合理支护阻力定量计算方法。这些研究构成了浅埋煤层岩层控制的基本理论,被编入《矿山压力与岩层控制》和《煤矿总工程师技术手册》,填补了浅埋煤层岩层控制知识空白,得到了广泛传播和应用。

  (2) 建立了浅埋煤层保水开采岩层控制理论。浅埋煤层开采对地表破坏显著,矿区环境保护是世界性难题。通过发明的固液耦合实验系统,揭示了采动覆岩隔水层"上行裂隙"和"下行裂隙"发育规律,建立了隔水层稳定性基本判据,为浅埋煤层保水开采分类提供了科学依据。发明了柔性条带充填保水开采方法,建立了隔水层连续梁力学模型,提出了条带充填隔水层稳定性判据,奠定了浅埋煤层保水开采岩层控制理论基础。

  (3) 发展了浅埋煤层大采高岩层控制理论。通过大量实测和实验,基于顶板垮落后的充填作用和铰接结构形态,提出了大采高工作面"等效直接顶"的概念,建立了"高位台阶岩梁"结构模型和煤壁片帮的"柱条模型",揭示了大采高工作面持续高压和片帮机理,提出了支架工作阻力计算公式,为大采高工作面岩层控制提供了依据,丰富和发展了浅埋煤层长壁开采岩层控制理论。

  (4) 开辟了浅埋近距离煤层群岩层控制新领域。浅埋近距离煤层群开采主要涉及两大岩层控制问题:其一,上煤层采空区下近距离煤层开采的顶板控制问题;

其二，浅埋煤层重复采动地裂缝发育规律及其控制问题。该书针对这两个问题，基于现场实测和物理模拟，揭示了浅埋煤层群开采的覆岩垮落规律和结构特征，提出了以间隔层关键层和间采比为指标的浅埋近距离煤层群的分类，建立了"浅埋极近距离煤层""浅埋单关键层近距离煤层"和"浅埋双关键层近距离煤层"顶板结构模型，为采场顶板支护和控制提供了理论依据。揭示了重复采动覆岩裂隙发育规律，发现了煤柱群结构对应力场与裂缝场的耦合影响，通过"煤柱群"的合理布置，提出了减缓煤柱应力集中和地裂缝发育程度的岩层控制方法，为环境友好的浅埋煤层群开采提供了理论基础。上述两个方面的研究，形成了浅埋煤层群岩层控制基本理论，并正在成为浅埋煤层岩层控制研究的新热点。

《浅埋煤层长壁开采岩层控制》包含作者二十多年的研究成果，研究系统，内容丰富，形成了浅埋煤层岩层控制的理论体系。正如中国《科技日报》2017 年 7 月 7 日所报道的"创立浅埋煤层岩层控制理论，支撑大煤田安全绿色开采"，国际上这样具有开创性的岩层控制专著并不多见，我很乐意将此书推荐给世界采矿岩层控制界同行和广大的采矿科技工作者。

是为序。

Syd S. Peng

美国工程院院士、西弗吉尼亚大学教授

2017 年 11 月 8 日

前　言

　　神府东胜煤田是我国探明储量最大的煤田，也是世界七大煤田之一。该煤田煤层埋藏浅，可采煤层多，属于浅埋煤层群。实践表明，浅埋煤层工作面矿压显现剧烈，地表生态环境破坏严重。随着大采高的普及和近距离煤层群的开采，浅埋煤层岩层控制理论需要不断发展和完善。

　　1993 年，作者开展了大柳塔煤矿首采工作面采前模拟研究，发现了浅埋煤层顶板"台阶下沉"现象。1994～1998 年，开展了浅埋煤层岩层控制的博士学位论文研究工作。2000 年出版了《浅埋煤层长壁开采顶板结构与岩层控制研究》，提出了浅埋煤层的定义，建立了浅埋煤层采场初次来压"非对称三铰拱"结构模型、周期来压"短砌体梁"和"台阶岩梁"结构模型，测定了顶板结构端角挤压和端角摩擦系数，提出了合理的支护阻力计算方法，形成了浅埋煤层岩层控制基本理论。

　　2001 年，在国家自然科学基金资助下，开展了"浅埋煤层顶板沙土层载荷传递与关键层动态结构理论"研究，揭示了地表松散层载荷传递规律，提出了载荷传递因子，建立了顶板动态结构理论。2002 年，提出了以单一关键层结构为标志的典型浅埋煤层概念和以双关键层为标志的近浅埋煤层概念，完善了浅埋煤层的科学定义。2003 年，"浅埋煤层开采岩层控制"以独立章节编入国家级规划教材《矿山压力与岩层控制》，2010 年编入《煤矿总工程师技术手册》，得到了普遍的传播和广泛采用。

　　随着浅埋煤层的大规模开采，地表水位下降明显，采煤与环境保护的矛盾日益凸显。2004 年起，在教育部新世纪优秀人才支持计划和国家自然科学基金资助下，开展了"浅埋煤层地表隔水层的采动隔水性研究"，揭示了采动覆岩"上行裂隙"和"下行裂隙"发育规律，建立了隔水层稳定性判据，提出了浅埋煤层"自然保水开采""限高保水开采"和"特殊保水开采"这一基本分类，出版了《生态脆弱区煤炭开发与生态水位保护》。2012 年，在国家自然科学基金资助下，针对浅埋煤层特殊保水开采条件，开展了"浅埋煤层局部柔性充填隔水岩组稳定性研究"，提出了柔性条带充填保水开采方法，建立了隔水层连续梁力学模型，给出了条带充填隔水层稳定性判据，确定了上行裂隙发育高度和下行裂隙发育深度，出版了《浅埋煤层条带充填保水开采岩层控制》，奠定了浅埋煤层保水开采岩层控制理论基础。

2012 年后，针对浅埋煤层大采高岩层控制问题，在国家自然科学基金资助下，开展了"浅埋煤层大采高顶板结构及其稳定性研究"，提出了大采高工作面"等效直接顶"的概念和分类，建立了"高位台阶岩梁"结构模型和煤壁片帮的"柱条模型"，揭示了大采高工作面来压机理和煤壁片帮机理，分析了"大采高支架-围岩"关系，提出了工作面支架阻力的计算公式，发展了浅埋煤层大采高工作面岩层控制理论。

2015 年以来，在国家自然科学基金的资助下，开展了浅埋近距离煤层群开采的岩层控制研究。该研究主要包括两大问题：其一，受上煤层开采的影响，下煤层开采的采场支护问题；其二，浅埋多煤层开采的地裂缝发育规律及其控制问题。基于现场实测和物理相似模拟，揭示了浅埋煤层群开采的覆岩垮落规律和结构特征，以间隔层关键层为特征，以间采比为主要指标，提出了浅埋近距离煤层群的分类，建立了"浅埋极近距离煤层""浅埋单关键层近距离煤层"和"浅埋双关键层近距离煤层"的顶板结构模型，提出了采场支护阻力的确定方法。揭示了采动覆岩裂隙发育规律和应力场与裂缝场存在的耦合关系，通过"煤柱群"合理布置，提出了减缓煤柱应力集中和地裂缝发育程度的岩层控制方法，为环境友好的浅埋煤层群开采提供了理论基础。上述两个方向的研究，形成了浅埋煤层群岩层控制基本理论与方法。

本书包括作者"浅埋煤层长壁开采岩层控制理论"二十多年的研究成果，内容包括：浅埋煤层岩层控制基本理论，浅埋煤层大采高岩层控制理论，浅埋煤层保水开采岩层控制理论，浅埋近距离煤层群开采岩层控制理论和地裂缝控制方法。这些理论和方法一起构成了浅埋煤层岩层控制理论的基本体系。

多年来，作者的研究生刘文岗、张沛、张文忠、蔚保宁、刘腾飞、黄克军、李亮、马龙涛、刘建浩、刘寅超、杜君武、李雄峰、曹健、周金龙、贺雁鹏等参加了相关研究工作，陈杰教授主持了充填材料的研究，博士生曹健参加了书稿的整理与排版。本书的出版得到国家自然科学基金项目"浅埋煤层大采高顶板结构及其稳定性研究"（51174278）和"浅埋煤层群开采煤柱群结构效应及其应力场与裂缝场耦合控制"（51674190）的资助，还得到陕西省科技统筹创新工程计划项目"陕北生态脆弱矿区浅埋煤层条带充填保水开采技术研究"（2011KTCQ01-41）和陕西省社会发展科技攻关项目"陕北生态脆弱区保水开采高沙基充填材料制备关键技术"（2016SF-421）及西安科技大学工科 A 类第一层次创新团队项目"浅部煤层开采与环境保护"的资助，特此一并致谢。

感谢导师钱鸣高院士对我的培养和鼓励，本书的主要理论都受到钱老师学术思想的影响。特别感谢美国西弗吉尼亚大学 Syd S. Peng 院士对本书提出的宝贵意见，并在百忙中为本书作序。

　　浅埋煤层岩层控制理论将随着开采实践的深入而不断丰富和发展，许多细致的研究还有待开展。限于作者水平，书中难免有不妥之处，恳请读者批评指正。

2017 年 11 月 10 日

目　　录

第1章　浅埋煤层岩层控制基本理论

本章介绍浅埋煤层岩层控制理论研究的背景，浅埋煤层岩层控制理论的进展及其体系，浅埋煤层矿压的基本特征与浅埋煤层的定义，重点阐述浅埋煤层岩层控制的基本理论。

1.1　研　究　背　景

煤炭是我国的主要能源，在我国一次能源消费构成中占 65%～70%，是国民经济可持续发展和国家能源安全的重要支柱。我国西部毛乌素大沙漠边缘的神府东胜煤田（简称神东煤田）煤炭探明储量 2236 亿 t，是我国目前探明储量最大的煤田，与美国阿巴拉契亚煤田、德国鲁尔煤田等并称为世界七大煤田[1]。该煤田主要赋存于浅埋煤层，20 世纪 90 年代初国家开始开发神东煤田，目前已经建成两个亿吨级现代化特大型矿区，是国家的重要能源基地。

神东煤田的典型特点是储量大，煤层多，煤质好；埋藏浅，基岩薄，松散层厚，地表生态环境脆弱。类似于这样的浅埋大煤田，世界罕见。浅埋煤层开采主要存在两大难题。其一，矿山压力明显：工作面动载明显，顶板呈现台阶下沉，造成顶板压力灾害。其二，环境破坏严重：煤层埋藏浅，高强度开采对地表环境造成严重破坏（图 1.1）。

(a)来压强烈，支架被压毁　　　　　　　　(b)地裂缝发育，水土流失严重

图 1.1　浅埋煤层开采灾害严重

经典的采场岩层控制理论主要有 20 世纪 70 年代钱鸣高院士提出的"砌体梁"结构理论和宋振骐院士提出的"传递岩梁"结构理论[2, 3]，这两项著名的顶板结构学说奠定了采场岩层控制的理论基础。由于经典理论主要是基于埋深较大的煤层提

出的，煤层顶板具有多组（3 组以上）关键层，可以形成稳定的铰接结构，工作面来压并不迅猛。大柳塔煤矿首采面按照传统理论选用 3500kN/架的液压支架，初次来压期间，工作面91m范围内的支架全部被压毁，造成巨大的经济损失。国外大型浅埋煤田很少，俄罗斯、澳大利亚、印度等国仅开展了一些矿压观测[4-6]，没有开展系统的理论研究。浅埋煤层长壁开采顶板岩层控制理论尚属空白，需要创新。

我国榆神府矿区浅埋厚煤层储量丰富，大采高综采具有产量大、掘进率低、采出率高及吨煤成本低等优点，是近年浅埋厚煤层开采的主要方法。然而，随着采高的增大，支架额定支护阻力不断提高，支护费用直线上升。研究浅埋煤层大采高工作面顶板结构理论，揭示来压机理，确定合理的支架阻力，成为浅埋煤层安全高效开采的重要课题。

我国西部地表生态环境脆弱，浅埋煤层的开采对地表水和生态环境构成了严重的威胁。特别是榆神府矿区，其大多为浅埋近距离煤层群开采，煤层的多次采动，不仅导致地下工作面压力的集中，也造成地裂缝发育。浅埋煤层保水开采岩层控制理论、浅埋煤层群开采顶板结构理论，以及浅埋煤层群开采的矿山压力与地裂缝控制理论亟待研究，以期形成环境友好的浅埋煤层岩层控制理论，支撑浅埋煤层安全、高效、绿色开采。

1.2　浅埋煤层岩层控制理论进展

自 20 世纪 90 年代至今，作者先后主持 5 项国家自然科学基金项目及十多项省部级和企业项目，系统地研究了浅埋煤层顶板结构和岩层控制基本理论、浅埋煤层保水开采岩层控制基本理论、浅埋煤层大采高岩层控制理论，以及浅埋煤层群顶板结构与岩层控制理论。从总体上建立了浅埋煤层岩层控制理论体系，支撑了浅埋煤层安全、高效及绿色开采（图 1.2）。

1. 浅埋煤层顶板结构和岩层控制基本理论

1993 年，作者对大柳塔煤矿 1203 首采工作面进行采前模拟研究。研究发现，厚松散层浅埋煤层顶板破断为全厚式"切落"，顶板破坏呈"两带"特征，顶板存在明显的台阶下沉现象，并被开采实践所证实，从而提出了浅埋煤层采场岩层控制新课题。1994 年，作者开始从事浅埋煤层顶板结构与岩层控制方面的理论研究，2000 年出版了《浅埋煤层长壁开采顶板结构与岩层控制研究》，建立了浅埋煤层采场初次来压的"非对称三铰拱"结构模型、周期来压的"短砌体梁"和"台阶岩梁"结构模型，测定了顶板结构端角挤压和端角摩擦系数，提出了支架的"给定失稳载荷"工作状态和合理支护阻力的计算方法，形成了浅埋煤层岩层控制基本理论。

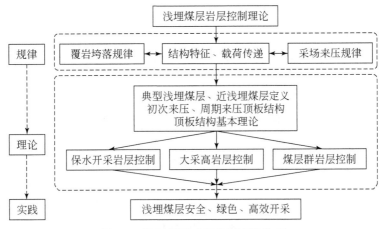

图 1.2　浅埋煤层岩层控制理论体系

2001 年后，提出了以单一关键层结构为标志的典型浅埋煤层概念和以双关键层为标志的近浅埋煤层概念，完善了浅埋煤层科学定义；基于浅埋煤层覆岩厚松散层载荷传递规律，提出了"载荷传递因子"，建立了浅埋煤层顶板动态结构理论，丰富和完善了浅埋煤层开采岩层控制理论。2003 年"浅埋煤层开采岩层控制"编入国家级规划教材《矿山压力与岩层控制》，2010 年编入《煤矿总工程师技术手册》，标志着浅埋煤层岩层控制理论的成熟和普及。

2. 浅埋煤层保水开采岩层控制基本理论

2010 年，通过物理模拟实验，揭示了采动覆岩"上行裂隙"和"下行裂隙"发育规律，据此建立了隔水层稳定性判据，提出了浅埋煤层保水开采的"自然保水开采""限高保水开采"和"特殊保水开采"分类方法，奠定了浅埋煤层保水开采的岩层控制理论基础，出版了《生态脆弱区煤炭开发与生态水位保护》。2011 年后，针对浅埋煤层特殊保水开采条件，提出了柔性条带充填保水开采方法，建立了隔水层连续梁力学模型，给出了条带充填隔水层稳定性判据，确定了上行裂隙发育高度和下行裂隙发育深度。2014 年，出版了《浅埋煤层条带充填保水开采岩层控制》，丰富和完善了浅埋煤层保水开采岩层控制理论。

3. 浅埋煤层大采高岩层控制理论

2012~2016 年，针对浅埋煤层大采高工作面岩层控制理论开展了研究。通过大量实测分析，掌握了浅埋煤层大采高工作面的矿压显现基本规律，提出了大采高工作面"等效直接顶"的概念和分类，建立了"高位台阶岩梁"结构模型和煤壁片帮的"柱条模型"，揭示了大采高工作面来压机理和煤壁片帮机理，分析了

"大采高支架-围岩"关系,提出了工作面支架阻力计算公式,为浅埋煤层大采高工作面支架选型和顶板控制提供了科学依据。研究成果"浅埋煤层开采岩层控制理论及其应用"获得 2016 年度陕西省科学技术一等奖。

4. 浅埋煤层群顶板结构与岩层控制理论

2015 年以来,针对陕北侏罗纪煤田浅埋近距离煤层群开采的岩层控制开展了研究,包括以下两个研究内容。

(1)浅埋近距离煤层群开采的顶板结构理论。基于现场实测和物理模拟,揭示了浅埋煤层群开采的覆岩垮落规律。以间隔层关键层和间采比为主要指标,提出了浅埋近距离煤层群的分类,分别提出了"浅埋极近距离煤层""浅埋单关键层近距离煤层"和"浅埋双关键层近距离煤层"的顶板结构模型和采场支护阻力确定方法。

(2)浅埋煤层群开采的煤柱群结构和地裂缝控制。基于浅埋煤层群开采的地表裂缝观测和物理模拟,揭示了浅埋煤层群开采的"煤柱群"结构效应,发现了采动应力场与裂缝场存在耦合控制关系。研究表明,通过合理的煤柱布置避免地层不均匀沉降,可有效减小煤柱应力和地裂缝发育,为环境友好的浅埋煤层群开采提供了理论依据。

1.3　浅埋煤层覆岩垮落结构特征与浅埋煤层定义

我国赋存大量埋深在 150m 以内的浅部煤田,如神府东胜煤田、灵武煤田和黄陵煤田等。其中,最典型的是神府东胜煤田。神东矿区开采区域大部分集中于埋深在 100~150m 的浅部,煤层的典型赋存特点是埋深浅、顶板基岩薄、表土覆盖层比较厚。实践表明,浅埋煤层采场具有强来压特点,大柳塔煤矿浅埋煤层首采工作面初次来压时,工作面中部 91m 范围内的支架被压毁。为了区别于其他煤层,通常将具有浅埋深、基岩薄、上覆厚松散层赋存特征的煤层称为浅埋煤层。实践表明,在同样的埋深条件下,由于基岩厚度的不同,矿山压力具有明显的区别。为了便于顶板岩层控制,必须从岩层控制的意义上,结合浅埋煤层覆岩结构特点,对浅埋煤层进行科学定义。

1.3.1　浅埋煤层覆岩垮落规律与顶板结构特征

1. 薄基岩浅埋煤层工作面矿压显现规律

大柳塔煤矿 1203 工作面是神东矿区第一个机械化工作面,开采 1^{-2} 煤层,地质构造简单。煤层平均倾角 3°,平均厚度 6m,埋藏深度 50~65m。地表风积沙松散层为 15~30m，其下为约 3m 的风化基岩。顶板基岩厚度为 15~40m，直接顶为粉砂岩和泥岩，老顶主要为砂岩，岩层完整。工作面长度 150m，采高 4m，循环进尺 0.8m，日进 2.4m。顶板支护采用 YZ3500—23/45 掩护式液压支架，支架初撑力为 2700kN/架，工作阻力为 3500kN/架。实测综采工作面主要来压特征如下。

（1）工作面顶板台阶下沉。初次来压步距为 27m。来压的主要特征是工作面中部约 91m 范围内顶板沿煤壁切落，台阶下沉量高达 1000mm，来压迅猛，造成大部分液压支架损坏。周期来压步距为 9.4~15.0m，平均为 12m。来压历时较短，支架动载明显。支架初撑力为额定工作阻力的 74%，初撑力正常。支架工作阻力为额定工作阻力的 80%。支架平时的工作阻力不大，只有来压时才超过额定工作阻力。

（2）单一关键层破断形成非对称三铰拱结构和台阶岩梁结构。由于顶板基岩薄，仅为单一关键层，初次来压时地表出现非对称塌陷（图 1.3），物理模拟揭示了顶板破断形成非对称三铰拱结构（图 1.4）。工作面周期来压时，单一关键层顶板沿全厚切落，工作面出现台阶下沉，形成台阶岩梁结构（图 1.5）。

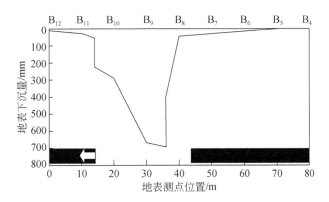

图 1.3 地表初次塌陷实测（B 为测点）

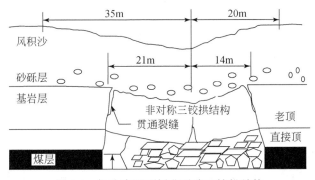

图 1.4 初次来压顶板非对称三铰拱结构

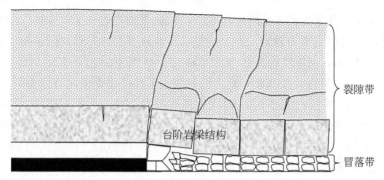

图 1.5　台阶岩梁结构与覆岩垮落"两带"特征

（3）顶板垮落直接波及地表，覆岩垮落呈现冒落带和裂隙带"两带"。由于顶板基岩薄，仅为单一关键层，初次来压时在对应煤壁的地表出现了高差约 20cm 的地堑，表明单一关键层覆岩破断贯通地表。浅埋煤层工作面地表岩移观测表明，薄基岩顶板破断失稳表现出单组老顶关键层结构特征，工作面覆岩不存在"三带"，基本上为冒落带和裂隙带"两带"（图 1.5），此类浅埋煤层可称为典型浅埋煤层。

2. 厚基岩浅埋煤层工作面矿压显现规律

大柳塔煤矿 20604 工作面埋深 80～110m，开采 2^{-2} 煤层，煤层倾角 0.5°～2.6°，煤层厚度 4.5m，坚固性系数 $f=1～3$。顶板基岩厚度 42.6m，$f=2～7$。基岩风化层和地表沙土层平均厚度 56m。工作面煤壁长 220m，采用美国久益公司生产的 6LS-03 型双滚筒电牵引采煤机割煤，采高 4.3m，循环进尺 0.8m。采用德国 D.D.T 公司生产的 WS1.7 型掩护式液压支架支护顶板，支架初撑力为 4098kN/架，工作阻力为 6708kN/架。工作面正常推进速度为 22 循环/d（17.6m/d），最快推进速度为 34 循环/d（27.2m/d），日产煤 3.7 万 t。其工作面矿压显现规律如下。

（1）来压步距增大。在工作面推进速度加大的条件下，工作面来压步距增大。初次来压步距为 54.2m，周期来压步距平均 16m。当工作面推进速度小于 15 循环/d 时，初撑力平均为额定值的 84%，工作阻力为额定值的 81%。当推进速度快时，工作面压力减缓，初撑力仅为额定初撑力的 58%，工作阻力为额定工作阻力的 69%。

（2）双关键层和大小周期来压。在基岩变厚条件下，周期来压存在大小周期现象。小周期来压步距为 12m，来压时载荷不大，动载不明显。大周期步距 20m，约为小周期步距的 2 倍，动载较明显，动载系数为 1.58，表现出浅埋煤层的特点。工作面顶板基岩为 28m 厚的砂岩，分为下组 16m 厚和上组 12m 厚的 2 组关键层。下组关键层失稳导致工作面小周期来压，上组关键层的破断一般滞后下组关键层一个周期，2 组关键层的叠合运动构成工作面大小周期来压，此类浅埋煤层称为近浅埋煤层（图 1.6）。

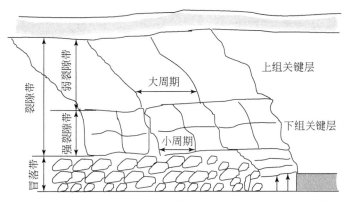

图 1.6　近浅埋煤层双关键层结构大小周期来压及覆岩"两带"

3. 浅埋煤层老顶初次破断的空间结构

浅埋煤层老顶初次破断后形成两个主板块，板块回转运动形成 V 形沟。在采空区短边表现出明显的边角圆弧过渡，在弧三角区裂隙较宽，呈贯通张开形（图 1.7）。实验发现，形成溃沙通道的张开裂隙并非在基岩刚破断时形成，而是在顶板形成结构后的回转、下沉运动中出现的。老顶初次破断形态基本符合岩板的长 OX 形破断，由于"厚板"弧三角平滑过渡区比较大，可以将顶板破断形态抽象地用图 1.8 所示的 4 个板块表示。

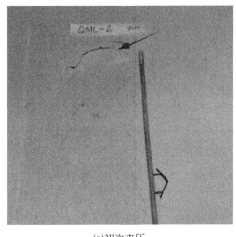

(a)初次来压

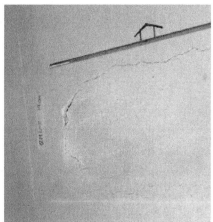

(b)第二次周期来压

图 1.7　岩板破断运动后形成弧三角区溃沙通道

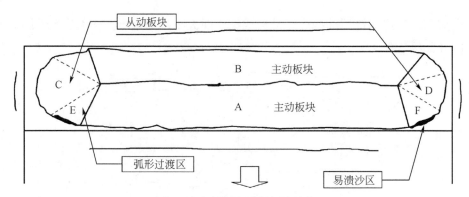

图 1.8　岩板初次破断板块结构

老顶初次破断形成两个主结构板块后，V 形沟的底部已经压实，岩板的运动主要是沿四周破断线的剪切滑落失稳。C、D 板块主要依赖于 A、B 板块的支撑，其稳定性取决于 A、B 板块的运动，则 A、B 为主动板块，C、D 为从动板块，E、F 为从动弧形过渡区。板块沿煤壁的长卵形破断裂隙大部分为"上开下闭"型，若主动板块不发生逆向回转，贯通裂隙就不会成为工作面溃沙通道。因此，顶板初次来压溃沙灾害都源于老顶主动板块的切落失稳。防止主动板块滑落失稳（切落）是初次来压顶板控制的关键。

根据大柳塔煤矿 1203 工作面地表岩移观测，1993 年 3 月 24 日 15:00 工作面推进到距开切眼约 27.1m 处，顶板有三处淋水，16:30 顶板沿煤帮切落长度达 90m 以上，随后顶板垮落，大水顺煤帮飞泻而下。到当日 20:00 煤机全部被淹，并有少量散沙溃入机尾。25 日早晨地表出现断裂塌陷，首次塌陷坑为枣核状，长轴 53m，短轴 22m，相对断裂高差 0.27m。坑内南端有 2.4m 深的沙漏斗，测点 B_9 下沉量为 0.67m。当工作面推进到距开切眼 29.95m 处，塌陷范围变大，呈纺锤形，长轴增加为 93m，断裂高差达 0.9m，在北端又出现深 6.4m、直径 15m 的沙漏斗（图 1.9）。随工作面推进，在工作面前方出现裂隙并向两平巷发展，在开切边界处形成稳定裂隙。超前裂隙平行于工作面呈弧形发展，超前距离一般为 10m 左右，裂隙间距 0.5～1.0m，落差 0.2～0.3m，缝宽 0.1m 左右。开采实践证实了前述实验与理论分析。

4. 顶板周期性破断的空间结构

老顶岩板周期性破断期间，随工作面推进，总在超前工作面的顶板内出现平行于工作面煤壁的微弧形开裂线，裂隙随工作面推进变宽并向两平巷方向延伸。当工作面推进到断裂隙附近，随断开的岩板回转，裂隙两端向采空区内弧形延伸贯通，形成微弧形岩条（图 1.10）。微弧形岩条的中部在运动中起主动作用，两侧则处于从动状态（图 1.11），表现为工作面中部支架压大且持续时间长的特点。弧三角区岩板的裂缝处于"上闭下开"状态，一旦微弧形岩条逆向回转，该处将成为溃水溃沙通道。

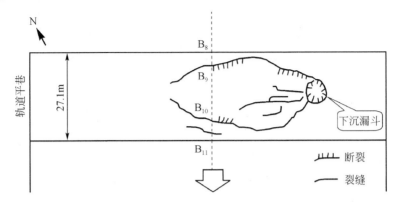

(a)工作面推进27.1m的初次地表塌陷坑

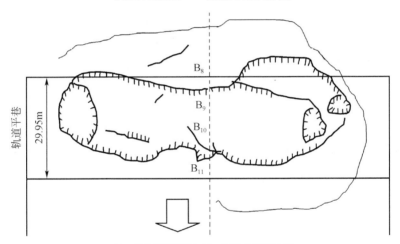

(b)工作面推进到29.95m的地表塌陷发展

图 1.9　1203 工作面初次地表塌陷实测

图 1.10　顶板周期性微弧形岩条破断实验

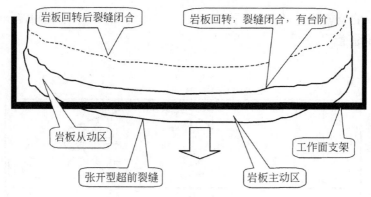

图 1.11　岩板周期破断运动特征

1.3.2　覆岩运动特征与浅埋煤层定义

1. 浅埋煤层上覆岩层运动的基本特征

（1）工作面来压动载明显，顶板为切落式破坏，存在台阶下沉特征。

（2）工作面顶板垮落直接波及地表，覆岩垮落为冒落带和裂隙带"两带"。

（3）工作面顶板一般为 1～2 组关键层，老顶岩块不易形成稳定的"砌体梁"结构。

总体上，浅埋煤层工作面的主要矿压特征是老顶破断运动直接波及地表，顶板不易形成稳定的结构，来压存在明显动载现象，支架处于给定失稳载荷状态。

2. 浅埋煤层定义

浅埋煤层出现来压强烈的主要原因和其关键层的构成有关，普通采场顶板基岩较厚，存在多组关键层，最接近采场的下组关键层受到其上部多组关键层的保护而处于减压区，因此采场压力并不大。而浅埋煤层仅有 1～2 组关键层，其上部直到地表均为软弱的载荷层，顶板结构不易稳定，导致来压迅速。为此，根据关键层的特征，浅埋煤层可分为两类：典型浅埋煤层和近浅埋煤层[7]。

（1）典型浅埋煤层。对于基岩比较薄、松散载荷层厚度比较大的浅埋煤层，其顶板破断运动表现为整体切落的形式，易于出现顶板台阶下沉。此类厚松散层、薄基岩的浅埋煤层称为典型浅埋煤层，可以概括为埋藏浅、老顶为单一关键层结构的煤层。

（2）近浅埋煤层。对于基岩厚度比较大、松散载荷层厚度比较小的浅埋煤层，其矿压显现规律介于普通工作面与浅埋煤层工作面之间，顶板结构呈现两组关键层，存在台阶下沉现象，可称为近浅埋煤层。

1.4　老顶岩块端角摩擦系数和挤压系数

采场老顶结构稳定性判据中,老顶关键块端角摩擦系数 $\tan\phi$ 和挤压系数 η 的确定,直接关系到顶板结构稳定性的判定,对采场顶板岩层控制的定量化分析至关重要[8]。

1. 老顶岩块摩擦系数 $\tan\phi$ 的实验测定

采场老顶关键层破断后形成的岩块将在自重及载荷层作用下回转,初次来压和周期来压都会存在这种状况。工作面上部岩块与前方岩体为端角接触状态,实质上形成塑性三角接触区。端角挤压接触面高度 a 随老顶岩块回转运动而增大(图 1.12),其计算式为

$$a = \frac{1}{2}(h - l\sin\theta_1) \qquad (1.1)$$

式中,a 为端角挤压接触面高度,m;h 为关键块厚度,m;l 为关键块长度,m;θ_1 为关键块回转角,(°)。

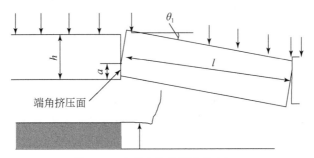

图 1.12　老顶岩块的端角挤压

老顶岩块端角挤压面是粗糙的,接触面为极限挤压状态,属于限制法向位移的摩擦状态。Goodman 发现,限制法向位移后剪应力没有应变软化现象,残余强度与初始强度基本相同[9]。挪威学者 Barton 认为,岩体粗糙摩擦面的摩擦角一般由摩擦面间的峰值剪胀角 d_n、残余摩擦角 ϕ_b 和粗糙面突台强度 S_n 三部分组成,摩擦面的剪应力 τ 与法向应力 σ_n 有如下关系[10]:

$$\tau = \sigma_n\tan(\phi_b + d_n + S_n) \qquad (1.2)$$

老顶岩块端角摩擦处于极限应力状态,无应变软化,峰值剪胀角 d_n 不存在。在老顶滑落运动中挤压面突台将被剪断,此时 $S_n=0$。则老顶岩块间的摩擦角为残余摩擦角,即

$$\tan \phi = \tan \phi_b = \frac{\sigma_n}{\tau} \tag{1.3}$$

神府某矿顶板砂岩的摩擦实验（摩擦面为 5cm×5cm）结果如表 1.1 所示，法向应力为 $0.8\sigma_c$（σ_c 为单轴抗压强度）时的干、湿摩擦角为残余摩擦角，分别为 32.6°和 28.4°，相差 4.2°。

表 1.1　平整砂岩粗糙面的残余摩擦角

摩擦角	$0.2\,\sigma_c$	$0.4\,\sigma_c$	$0.6\,\sigma_c$	$0.8\,\sigma_c$	残余摩擦角
干摩擦角/（°）	30.6	31.1	30.5	32.6	32.6
湿摩擦角/（°）	31.0	31.0	30.5	28.4	28.4

采用相似模拟技术研究老顶岩体的摩擦角，按石英砂：石膏：云母粉质量比为 9：1：0.1，加 10%的水配制岩体模拟试块，进行模拟岩体摩擦实验。摩擦面尺寸分别为 5cm×10cm、5cm×5cm 和 5cm×2.5cm。实验表明，干、湿残余摩擦角分别为 35°、31.7°，相差 3.3°。国内学者给出的沉积岩干、湿残余摩擦角分别为 32.7°、30.7°，相差 2°[10]。Barton 得出的沉积岩的残余摩擦角为 25°～35°，并建议取 30°[11]。

综合上述，考虑到煤矿井下湿环境因素，老顶岩块间的摩擦角可取 22°～32°，平均 27°。因此，摩擦系数范围为 0.4～0.6，一般可取 0.5。

2. 老顶岩块端角挤压系数 η 的实验确定

老顶岩块回转过程中，端角挤压破坏引起回转变形失稳。老顶岩块端角挤压系数是基于认为挤压端角在复杂应力状态下的强度小于岩石单向抗压强度而提出的，即

$$\eta = \frac{\sigma_{nj}}{\sigma_c} \tag{1.4}$$

式中，η 为端角挤压系数；σ_{nj} 为端角挤压强度，MPa；σ_c 岩石单向抗压强度，MPa。

将砂岩加工成厚 5cm，两直角边长为 10cm、5.8cm 的三角形岩样（图 1.13），其角度分别为 30°、60°和 90°。将端角加工出 5mm 宽的小平面，共进行 3 组端角抗压实验，每组每类岩样 3～5 个。结果表明，30°端角的抗压强度最小，为单向抗压强度的 0.35 倍；60°端角的抗压强度为单向抗压强度的 0.42 倍；90°端角的抗压强度为单向抗压强度的 0.94 倍，端角的抗压强度小于单向抗压强度。90°端角实验与采场老顶岩块端角状况最接近，其强度变化分两种情况：岩性致密连续的岩样端角强度较大，岩性连续性比较差的岩样端角强度比较小，说明岩体内弱面对岩块端角强度的影响比较显著。

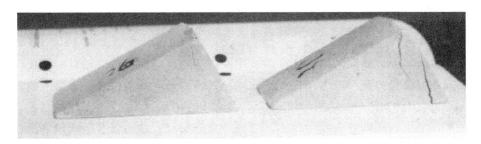

图 1.13　砂岩 90°端角抗压破坏形态

　　为此，开展了两组端角挤压模拟实验：一组采用石英砂和石膏粉模拟致密连续的块体；另一组则再加云母粉模拟含弱面的岩体。单向抗压实验块为方柱体，截面为 5cm×5cm，高 10cm。端角挤压试块为长方体，厚 5cm，边长为 10cm 和 15cm。实验分为端角抗压和端角挤压两种，模拟老顶岩块回转角 10°，端角挤压按 0.5 倍垂压加水平力（图 1.14）。实验结果如表 1.2 所示，强度低或有弱面试块的端角抗压系数减小不大，但端角挤压系数却明显减小，为 0.36～0.42，平均 0.40。

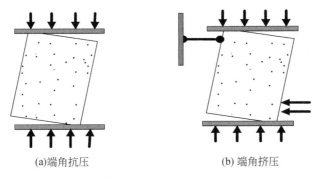

(a)端角抗压　　　　　　　　　　　　(b) 端角挤压

图 1.14　模拟岩块端角挤压实验加载方式

表 1.2　模拟岩块端角抗压实验

岩体类型	质量比	实验组数	单向抗压	系数	
	石英砂：石膏：云母粉		强度/MPa	端角抗压	端角挤压
致密坚硬岩体	7：1：0	3	0.70	0.87	0.69
低强度含弱面岩体	9：1：0	3	0.42	0.67	0.41
	7：1：0.1	3	0.66	0.86	0.42
	7：1：0.3	3	0.57	0.79	0.36
平均	—	3	0.59	0.77	0.40

3. 老顶岩块端角摩擦系数和挤压系数的确定

　　老顶结构中岩块间的摩擦处于限制法向位移的高应力状态，没有应变软化，岩块间的摩擦角为残余摩擦角。根据实验，采场的湿环境条件老顶岩块间的摩擦角一般为 22°～32°，平均 27°。摩擦系数基本上在 0.4～0.6，一般可取 0.5。老顶岩块端角挤压为压剪复合受力状态，端角应力分布和岩体的弱面是端角挤压强度小于岩石单向抗压强度的根本原因。根据实验，端角挤压系数为 0.36～0.42，一般可取 0.4。老顶关键块端角挤压和端角摩擦系数以往按经验均取 0.3，本书将这两项重要参数修正为 0.5 和 0.4，增大了利用围岩自承能力的范围，为实现采场顶板控制的定量化分析奠定了基础。

1.5　浅埋煤层采场顶板结构基本理论

　　陕北侏罗纪煤田的开采过程中，出现了顶板台阶下沉、支架压毁等强烈矿压灾害，引发了学者对浅埋煤层岩层控制的探索。通过大量现场实测，掌握了长壁工作面矿压显现的基本规律与特征，提出了浅埋煤层老顶初次来压"非对称三铰拱"结构模型和周期来压的"台阶岩梁"结构模型，揭示了浅埋煤层顶板来压强烈和台阶下沉的机理是顶板结构滑落失稳。根据滑落失稳型顶板的特点，提出了给定失稳载荷的"支架-围岩"作用关系，建立了以顶板结构力学模型及其稳定性为基础的浅埋煤层顶板控制理论。

1.5.1　浅埋煤层采场老顶初次来压的结构理论

1. 初次来压的"非对称三铰拱"结构模型

　　长期以来，关于老顶的结构分析主要集中于解决周期来压问题，对初次来压仅有少量研究。初次来压期间，老顶岩块结构的回转运动状态基本可以分为老顶触矸前的空间回转运动和岩块触矸后的运动。老顶在岩块触矸前的空间回转运动对采场构成威胁最大，下面对此刻的顶板结构稳定性进行分析。

　　根据实测与模拟研究，初次来压期间，由于分步开挖损伤积累，老顶破断后形成"非对称三铰拱"结构[12]，靠工作面侧的岩块长度 l_{01} 与开切眼侧的岩块长度 l_{02} 之比为 $K=1.5$。力学模型如图 1.15 所示，由于铰接处为塑性铰，该结构为动态平衡结构。

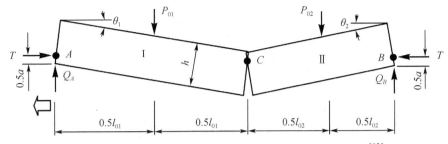

图 1.15　老顶初次来压的"非对称三铰拱"结构力学模型[12]

P_{01}、P_{02}- Ⅰ、Ⅱ岩块承受的载荷；θ_1、θ_2- Ⅰ、Ⅱ岩块的回转角；a-端角挤压接触面高度；T-水平挤压力；

h-关键块（层）厚度；Q_A、Q_B-A、B 接触铰上的摩擦剪力；l_{01}、l_{02}- Ⅰ、Ⅱ岩块长度

2. 初次来压顶板结构的"S-R"稳定性分析

老顶"非对称三铰拱"结构为瞬变结构，失稳是必然的。根据顶板结构"S-R"稳定性分析，浅埋煤层工作面顶板块度大，初次来压顶板结构容易出现滑落失稳，这是工作面初次来压强烈的根本原因。防止顶板滑落失稳的条件为

$$T \tan \varphi + R_{01} \geqslant Q_A \qquad (1.5)$$

式中，T 为水平挤压力，kN/m；R_{01} 为支护力，kN/m；$\tan \varphi$ 为岩块间的摩擦系数。其中，

$$T = \frac{2KP}{(1+K^2)(i - \sin \theta_1)} \qquad (1.6)$$

$$Q_A = \frac{(K^2 + 3K)P}{2(1+K)^2} \qquad (1.7)$$

根据顶板破断分析，一般情况下 K 值可取 1.5，代入式（1.6）和式（1.7）可得

$$T = \frac{0.48P}{i - \sin \theta_1} \qquad (1.8)$$

$$Q_A = 0.54P \qquad (1.9)$$

将式（1.8）和式（1.9）代入式（1.5），可得合理支护力为

$$R_{01} \geqslant \left(0.54 - \frac{0.24}{i - \sin \theta_1} \right) P_{01} \qquad (1.10)$$

式中，R_{01} 为支护力，kN/m；P_{01} 为 Ⅰ岩块承受的载荷，kN/m；i 为岩块的块度；T 为水平挤压力，kN/m；θ_1 为 Ⅰ岩块的回转角，（°）。

3. 浅埋煤层工作面初次来压的顶板控制分析

一般煤壁刚度情况下，老顶岩块初始回转角可达 3°左右。实测老顶初次来压期间的块度为 $i=0.7\sim0.9$，则控制"非对称三铰拱"结构滑落失稳的支护力为

$$R_{01} \geqslant (0.17 \sim 0.26)P_{01}$$

如果采取措施使岩块初始回转角增大到 6°，控制滑落失稳的支护力为

$$R_{01} \geqslant (0.14 \sim 0.24)P_{01}$$

可见，浅埋煤层条件下，控制回转角对老顶"非对称三铰拱"结构的稳定性影响并不大。因此，不宜将回转角作为浅埋煤层初次来压的主要控制途径。此外，初次来压期间，"非对称三铰拱"结构可承担大于 70%的载荷，支架仅承担约 30%的载荷。通过合理确定支架载荷，防止顶板结构恶化，是实现经济支护的根本途径。

初次来压的"非对称三铰拱"结构模型，改变了以往按对称结构带来的误差，提高了初次来压顶板控制定量分析的准确性。

1.5.2 浅埋煤层采场老顶周期来压的结构理论

浅埋煤层顶板结构理论是揭示来压机理、确定支护参数的岩层控制核心理论。顶板结构理论有大结构、小结构假说、组合关键层理论、"短砌体梁"和"台阶岩梁"结构理论，其中最具代表性的是"台阶岩梁"结构理论。

1. 浅埋煤层周期来压的老顶"台阶岩梁"结构模型

根据现场实测发现，浅埋煤层采场关键块的块度比较大（1.0～1.4），顶板结构形成"短砌体梁"结构（图 1.16），该结构难以保持稳定，出现滑落失稳导致架

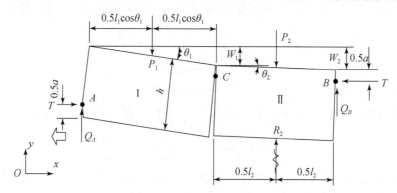

图 1.16 "短砌体梁"结构关键块力学模型[1, 13]

P_1、P_2-Ⅰ、Ⅱ岩块承受的载荷；R_2-Ⅱ岩块的支承反力；θ_1、θ_2-Ⅰ、Ⅱ岩块的转角；a-接触面高度；Q_A、Q_B-A、B 接触铰上的摩擦剪力；l_1、l_2-Ⅰ、Ⅱ岩块长度；W_1、W_2-Ⅰ、Ⅱ岩块在采空区的下沉量

后切落（图 1.17），演化为 "台阶岩梁" 结构（图 1.18）。"台阶岩梁" 结构是浅埋煤层周期来压的常见状态，比 "短砌体梁" 结构更不稳定，浅埋煤层采场支护计算应以 "台阶岩梁" 结构为准[13]。

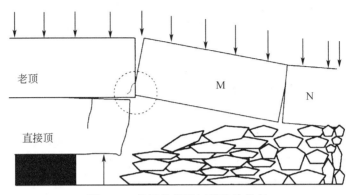

图 1.17 关键块架后切落前的状态

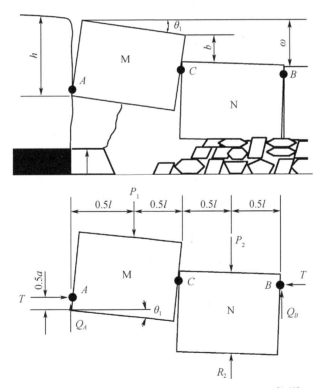

图 1.18 老顶周期来压的 "台阶岩梁" 结构模型[1, 13]

P_1、P_2-岩块承受的载荷；R_2-N 岩块的支承反力；θ_1-M 岩块的回转角；a-接触面高度；b-M、N 岩块台阶高度；

ω-岩块在采空区的下沉量；Q_A、Q_B-A、B 接触铰上的摩擦剪力；l-岩块长度；h-关键块（层）厚度

2. 浅埋煤层周期来压的合理支护力

通过"台阶岩梁"结构的"S-R"稳定性分析,该结构的水平力 T 随回转角 θ_1 的增大而减小,随块度 i 的增大明显下降,结构的失稳形式为滑落失稳,这是浅埋煤层工作面来压强烈和台阶下沉的根本原因。必须对顶板结构提供一定的支护力 R_t 才能控制滑落失稳,其条件为

$$T \tan\varphi + R_t \geqslant Q_A \tag{1.11}$$

图 1.18 中,M、N 岩块之间的台阶落差为

$$b = \omega - l\sin\theta_1, \quad \omega = m - (K_p - 1)\sum h \tag{1.12}$$

式中,b 为 M、N 岩块台阶高度,m;$\sum h$ 为直接顶厚度,m;m 为采高,m;K_p 为岩石碎胀系数,可取 1.3;ω 为 N 岩块下沉量,m;$\tan\varphi$ 为岩块间的摩擦系数。

M 岩块达到最大回转角时,$b=0$,则有

$$\sin\theta_{1\max} = \frac{\omega}{l} \tag{1.13}$$

水平挤压力为

$$T = \frac{P_1}{i - 2\sin\theta_{1\max} + \sin\theta_1} \tag{1.14}$$

由 $Q_A + Q_B = P_1$,$Q_B = 0$,可得

$$Q_A = P_1 \tag{1.15}$$

将式(1.14)和式(1.15)代入式(1.11),取 $\tan\varphi = 0.5$,可得防止"台阶岩梁"结构滑落失稳的支护力为

$$R_t \geqslant \frac{i - \sin\theta_{1\max} + \sin\theta_1 - 0.5}{i - 2i\sin\theta_{1\max} + \sin\theta_1} P_1 \tag{1.16}$$

式中,R_t 为支护力,kN/m;θ_1 为 M 岩块回转角,(°);$\theta_{1\max}$ 为 M 岩块最大回转角,(°);i 为岩块的块度;P_1 为 M 岩块承受的载荷,kN/m。

同理,可以求出防止"短砌体梁"结构滑落失稳的支护力为

$$R \geqslant \frac{4i(1 - \sin\theta_1) - 3\sin\theta_1 - 2\cos\theta_1}{4i + 2i\sin\theta_1(\cos\theta_1 - 2)} P_1 \tag{1.17}$$

浅埋煤层一般条件下,$i = 1.0 \sim 1.4$,$\theta_{1\max} = 8° \sim 12°$,$\theta_1$ 一般为 $4° \sim 6°$,控制"台阶岩梁"滑落失稳的支护力 $R_t \geqslant (0.23 \sim 0.59) P_1$,控制"短砌体梁"结构滑落失稳的支护力 $R \geqslant (0.2 \sim 0.5) P_1$。两种结构都容易出现滑落失稳,但仍然能够承担 60% 以上的顶板载荷。因此,设计合理的支架阻力防止顶板结构恶化,是避免工作面压力增大,进行经济支护的有效途径。总体上,"台阶岩梁"结构的顶板压力比较大,周期来压顶板支护应当以此为依据。

1.5.3　顶板载荷传递与支架工作阻力的确定

1. 工作面支架"给定失稳载荷"工作状态

由于浅埋煤层工作面初次来压和周期来压期间，顶板结构都容易出现滑落失稳，支架-围岩关系不再是经典的给定变形状态，支架主要承受结构失稳载荷，支架工作处于"给定失稳载荷"状态。来压期间，工作面支架需提供防止顶板结构滑落失稳的支护阻力（图 1.19）。

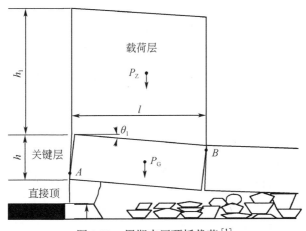

图 1.19　周期来压顶板载荷[1]

工作面支架的工作阻力 P_m 由直接顶岩柱重量 W 和老顶结构滑落失稳所传递的压力 $R_D=bR$（b 为支架宽度，$R=R_{01}$ 或 R_t）组成：

$$P_m = W + R_D = W + bR \tag{1.18}$$

2. 载荷传递因子的提出与合理支护阻力的确定

对于普通采场，老顶关键层上的载荷层为附着于其上的软弱岩层，载荷层随关键层的运动而运动，载荷层的重量几乎全部传递于关键层。浅埋煤层工作面老顶距离地表近，基岩上部直至地表的沙土层都是载荷层，厚度大。根据实测，并非所有载荷层的重量都传递于老顶岩块，不能简单按经典理论取 $P_1=\rho g (h+h_1) l_1$。厚松散覆盖层对老顶的载荷作用有一个时间和空间传递过程，可以用载荷传递因子 K_G（$\leqslant 1$）表示：

$$K_G = K_r K_t \tag{1.19}$$

式中，K_r 为与岩块长度、载荷层岩性有关的岩性因子；K_t 为载荷传递的时间因子。

岩块结构载荷 P_1 由老顶关键层重量 P_G 和载荷层传递的重量 P_Z 组成：

$$P_1 = P_G + P_Z = hl_1\rho g + K_G h_1 l_1 \rho_1 g \qquad (1.20)$$

式中，h 为老顶关键层厚度，m；l_1 老顶岩块长度，m；ρg 为老顶关键层容重，kN/m^3；h_1 为载荷层厚度，m；$\rho_1 g$ 为载荷层平均容重，kN/m^3；K_G 为载荷传递因子。

当载荷层厚度很大时，可根据太沙基土压力计算原理近似估算载荷传递因子。参照文献 [14] 中的式（3-128），作用于老顶岩块的载荷为

$$P_Z = \frac{\rho_1 g l_1^2}{2\lambda \tan\varphi}, \quad h_1 \geqslant (1.5 \sim 2.5)l_1 \qquad (1.21)$$

在长时状态下取 $K_t = 1$，$P_Z = K_r h_1 l_1 \rho_1 g$，可求出载荷传递因子为

$$K_G = K_r K_t = \frac{l_1}{2h_1\lambda \tan\varphi} K_t \qquad (1.22)$$

式中，φ 为载荷层内摩擦角，（°）；λ 为载荷层侧应力系数。可见，K_G 与载荷层厚度、老顶岩块长度、载荷层内摩擦角、侧应力系数及时间因素有关。

如此，可以根据式（1.2）～式（1.6）确定工作面支架工作阻力为

$$R_{01} \geqslant \left(0.54 - \frac{0.24}{i - \sin\theta_1}\right)(hl_1\rho g + K_G h_1 l_1 \rho_1 g) \qquad （初次来压）$$

$$R_t \geqslant \frac{i - \sin\theta_{1max} + \sin\theta_1 - 0.5}{i - 2i\sin\theta_{1max} + \sin\theta_1}(hl_1\rho g + K_G h_1 l_1 \rho_1 g) \qquad （周期来压）$$

式中，R_{01} 为控制初次来压所需的支护力，kN/m；R_t 为为控制周期来压所需的支护力，kN/m；θ_1 为岩块回转角，（°）；θ_{1max} 为岩块最大回转角，（°）；i 为岩块的块度；N/m；l_1 为支架上方岩块长度，m；h 为关键层厚度，m；h_1 为载荷层厚度，m。

浅埋单一煤层初次来压和周期来压顶板结构理论的建立，奠定了浅埋煤层采场岩层控制的理论基础。在此基础上，本书将在后续章节详细阐述浅埋煤层大采高顶板控制理论，浅埋煤层保水开采岩层控制理论和浅埋煤层群顶板控制理论，形成浅埋煤层采场支护理论体系。

1.6 本 章 小 结

本章介绍浅埋煤层岩层控制理论研究的背景，浅埋煤层岩层控制理论的进展及其体系，浅埋煤层矿压基本特征与浅埋煤层定义，重点阐述浅埋煤层岩层控制的基本理论。

（1）神东煤田的典型特点是储量大，煤层多，煤质好；埋藏浅，基岩薄，松散层厚，地表生态环境脆弱。类似浅埋大煤田，世界罕见。浅埋煤层开采主要存在矿压迅猛和环境保破坏严重两大难题。

（2）浅埋煤层岩层控制理论包括：浅埋煤层岩层控制基本理论（包括浅埋煤层定义，初次来压和周期来压顶板结构理论，端角挤压和摩擦系数测定，松散层载荷传递），浅埋煤层保水开采岩层控制理论和浅埋煤层大采高岩层控制理论和浅埋煤层群开采岩层控制（与环境保护）理论。

（3）根据浅埋煤层矿压特征，浅埋煤层分为两类。①典型浅埋煤层：埋藏浅，基岩薄，老顶为单一关键层结构的煤层。②近浅埋煤层：顶板结构呈现两组关键层，存在大小周期来压现象。

（4）老顶结构中岩块间的摩擦处于限制法向位移的高应力状态，没有应变软化，岩块间的摩擦角为残余摩擦角，摩擦角平均 27°，摩擦系数一般可取 0.5。端角挤压系数为 0.36～0.42，一般可取 0.40。

（5）浅埋煤层采场老顶初次来压期间，老顶岩块结构的回转运动状态分为老顶触矸前的空间回转运动和岩块触矸后的运动。老顶在岩块触矸前的空间回转运动对采场构成威胁最大，形成"非对称三铰拱"结构。老顶"非对称三铰拱"结构为瞬变结构，滑落失稳是工作面初次来压强烈的根本原因。

（6）浅埋煤层采场周期来压顶板形成"短砌体梁"结构和"台阶岩梁"结构，其中最具代表性的是"台阶岩梁"结构理论。台阶岩梁结构滑落失稳，是浅埋煤层工作面周期来压强烈和台阶下沉的根本原因。

（7）由于浅埋煤层工作面初次来压和周期来压期间，顶板结构都容易出现滑落失稳，支架-围岩关系不再是经典的给定变形状态，支架主要承受结构失稳载荷，支架工作处于"给定失稳载荷"状态。

（8）浅埋煤层工作面地表沙土层为松散层，厚度大。厚松散覆盖层对老顶的载荷作用有一个时间和空间传递过程，可以用载荷传递因子表示。载荷传递因子分为岩性因子和时间因子，来压步距越大，载荷传递越大，推进速度越快，载荷传递越小。

第 2 章 浅埋煤层厚松散层动态载荷传递规律

实测发现，浅埋煤层开采过程中，地表厚松散层（主要为沙土层）垮落重量并非瞬间全部作用于老顶关键块，存在"载荷传递"现象。研究这种载荷传递效应，确定顶板关键块上的载荷大小，对揭示浅埋煤层动压机理和建立顶板动态结构理论具有重要的意义。

2.1 动态载荷智能数据实时采集系统开发

浅埋煤层厚松散层（沙土层）载荷传递具有"动态"特征，动态载荷模拟实验是研究顶板关键块动态载荷的分布规律的重要手段，而对载荷的实时采集是物理相似模拟试验的关键。现有应力环和电阻应变仪无法实时测量动态载荷，为此开发了智能数据实时采集系统[15]。

1. 智能数据实时采集系统原理

智能数据实时采集系统的工作组成原理如图 2.1 所示，其原理主要包括金属应变式传感器原理和数据采集集成电路卡原理。金属应变式传感器的核心元件是金属应变片，它可以将试件上的应变变化转化为电阻变化，应用时将应变片用黏结剂牢固地贴在被测试件表面上，当试件受力变形时应变片的敏感栅也随同变形，引起应变片电阻值的变化，通过测量电路将其转化为电压或电流信号输出。金属应变片，除了测试试件应力、应变外，还被制造成多种应变式传感器用来测定力、扭矩、加速度和压力等其他物理量。

实验应用空心柱式应变传感器，在轴向布置一个或几个应变片，在圆周方向布置同样数目的应变片，后者取符号相反的横向应变，从而构成差动对。由于应变片沿圆周方向分布，非轴向载荷分量被补偿，在与轴线任意夹角 α 方向，其应变为

$$\varepsilon_\alpha = \frac{\varepsilon_1}{2}\left[(1-\mu)+(1+\mu)\cos 2\alpha\right] \tag{2.1}$$

式中，ε_1 为沿轴向的应变；μ 为弹性元件泊松比。

当 $\alpha=0$ 时，其应变等于轴向应变片感受的应变，即

$$\varepsilon_\alpha = \varepsilon_1 = \frac{F}{SE} \tag{2.2}$$

当 $\alpha=90°$ 时，其应变等于圆周方向的应变片感受的应变，即

$$\varepsilon_\alpha = \varepsilon_2 = -\mu\varepsilon_1 = -\mu\frac{F}{SE} \tag{2.3}$$

式中，ε_2 为圆周方向的应变；F 为载荷，MN；E 为弹性元件的杨氏模量，MPa；S 为弹性元件截面积，m^2。

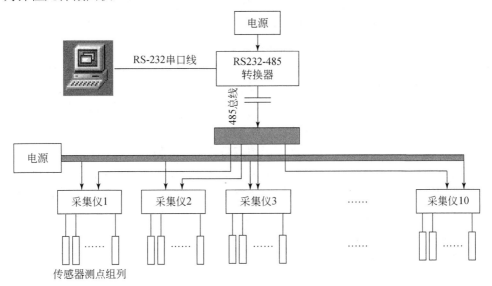

图 2.1　智能数据实时采集仪系统示意图

　　智能数据实时采集仪实质是以计算机为上位机，单片机为下位机的监控系统。在监控系统中，下位单片机与 PC 机间的数据接口的关键技术是串口连接。上位机 PC 与下位机 196 单片机间通过 RS-232（EIARS 标准）串行口进行通信。传输介质为普通 4 芯屏蔽电缆，分别接 PC 串口的 RXD(2)，TXD(3)，GND(5)。该系统在电路中加上 RS232-485 转换器，将 232 电平转换成 485 电平的方式来解决 232 电平易受共模干扰，传输距离受限（15m）的问题。485 采用差模传输技术，在速率为 57.6kb/s 的情况下，传输距离可达 1200 m。使用 RS232-485 转换器不仅满足了传输距离上的要求，同时将系统由单总线结构转换为多总线的结构。在不添购任何硬件的前提下，为多下位机监控提供了方便和可能。下位机采用 196 单片机芯片，内部集成了 A/D 转换功能，方便地解决了传感器上的模拟信号的转换工作，节省了硬件的费用，节约了电路板的布线空间，同时也提高了软件编程的效率和程序执行的效率。A/D 转换后的实际检测信号通过下位机上的 485 发送信号，中间经过 RS232-485 转换器将电平转换后与上位机通信，以实现工控操作。总之，

智能数据实时采集系统实现对下位机的指令传输、实时数据采集，运行可靠、高效，而且稳定性好，误码率低。上位机界面友好，使用方便，软件升级方便，对于其他领域的监控系统设计均有一定的参考价值。

　2. 智能数据实时采集系统的功能与特点

　　智能数据实时采集系统是在微型计算机监控下，对埋入模型内的高精度多个传感器测点（可同时工作 100 个测点）进行实时动态监测。在应用 Delphi 6.0 数据库应用程序开发的数据采集软件系统支持下，以 S 方式和 R 方式分别对模型岩层运动引起物理量（载荷量）实现数据文件（图形）的存储、预览、动态图示和打印等功能。在进行相似模拟实验时，在任何时刻打开"数据采集"软件系统，发出数据采集命令，数据采集卡立刻在同一时刻扫描记录所有测试点的载荷值，一秒内可对所有点采集 5～10 次，并把所采集的数据库存储在计算机指定目录下以 S 开头的*.db 数据文件中。

　　为了避免采集大量无变化数据而影响实验数据分析和占用过多的存储空间，可以将测点载荷值的变化量作为数据采集指令，这样只要所有测点中任意一点载荷变化量达到设定变化值，数据采集卡即对所有测试点进行一次数据采集。因此，此数据采集系统可以实现对载荷变化的实时动态数据采集，满足相似实验数据采集要求。

　　数据表的打开方式有三种：一是在数据采集软件中点击打开数据库文件直接显示数据表列；二是点击应用软件中的回放功能，将数据表列按照测点序列以图形的方式动态连续回放，其优点是易于筛选有用数据；三是用 Delphi 6.0 程序打开*.sb 文件，显示数据表列。将数据表列拷贝复制到其他数据处理软件，如 Surfer 和 Origin 等进行分析。

　　数据采集系统 R 方式是数据采集卡按照设置一定变化量对测点进行自动记录，并存储在数据采集卡内部存储器内，但要注意存储器数据溢满问题，当存储显示屏显示数据占存储器的 85%时，将所采集数据读入计算机指定目录并以 R 开头的*.db 数据文件中。

　　数据表列既可以数据表列打印，也可以以图形的方式打印。数据采集系统除采集数据外，对测点传感器的载荷标定功能也是它的重要特点。该系统只需按照操作程序无须烦琐的记录、计算机即可得到传感器的弹性系数，将传感器应变量转换为载荷值并图示。

　3. 传感器的设计与标定

　　传感器在制造、装配完毕后都必须对原设计指标进行实验标定，以确定传感器的实际性能和误差。智能数据实时采集系统传感器标定就是确定传感器的线性弹性模量并在软件系统中换算、显示载荷值。在数据采集硬件系统中，应用数据采集应用程序，对传感器按说明步骤实施的多次加载/卸载的已知载荷进行记录、计算并存储弹性系数，在确定（输入）传感器的基值后即可进行实际载荷测定。待标定完成之后，将其按设计安装到模型之中。例如，在测定采场顶板关键块上的载荷时，制作测试块，将传感板器安装在测试块上，测定其动态载荷传递（图 2.2）。

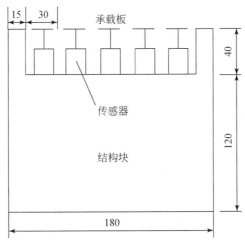

图 2.2　顶板关键块传感器布置（单位：mm）

4. 相似模型中关键块的动态载荷测点布置

通过智能数据采集系统，在厚沙土层下浅埋煤层关键块动态载荷传递实验中，将测点布置于工作面顶板关键块结构上部，如图 2.3 所示。通过智能数据采集仪

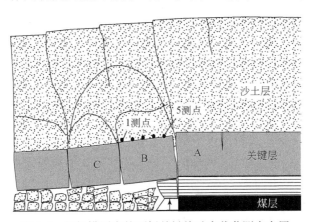

图 2.3　相似模型中的顶板关键块动态载荷测点布置

测得的数据进行分析，获得关键块上传感器载荷与工作面位置关系曲线，得出关键块体上载荷分布与时间的对应曲线，从而得出载荷分布规律。

2.2　浅埋煤层厚松散层破坏特征

我国西北赋存有大量的浅埋煤层，大部分地表为厚松散层（沙土层或黄土层），最典型的是神府煤田。厚松散层下浅埋煤层开采后，顶板难以形成稳定的结构，工作面表现出明显的动压和台阶下沉。建立的浅埋煤层采场的顶板"台阶岩梁"结构等理论的顶板载荷是按照静态估算的，对于采动后松散层的破坏运动规律及载荷传递尚需深入研究。

2.2.1　载荷传递模拟实验设计

根据浅埋煤层定义，工作面煤层顶板的主要特征是埋藏浅，基岩只构成单一关键层，关键层上的松散岩层比较厚。通常，采场相似模拟的重点是煤层的直接顶和老顶的垮落规律，研究的对象主要是基岩。本次实验与普通相似模拟不同，重点是顶板上的地表软弱的沙土层随顶板关键块的破坏规律及其载荷传递，实验在相似配比、铺装模型和实验防护方面都必须采取特殊措施。

模型以典型的浅埋煤层赋存特征（薄基岩、单一关键层、埋深<150m，基载比<1）为研究对象，以神府矿区 1203 工作面地层条件为原型，煤层赋存特征见表 2.1。

表 2.1　地层赋存特征表

序号	岩层名称	厚度/m	容重/（kN/m³）	抗压强度/MPa	抗拉强度/MPa	黏结力/MPa	内摩擦角/（°）	泊松比
1	沙土层	45.0	22.5	5～13	0	15～20	8～13	0.4
2	细砂岩	13.0	24	48	3.9	7.4	38	0.21
3	粉砂岩	6.0	24	36	3.05	7.2	41	0.14
4	煤层	4.0	13	13	0.95	1.2	38	0.2

工作面采高 4m，采用走向长壁法开采，周期来压步距为 16m，推进速度为 8m/d。实验采用平面应力模型，模型几何相似比例系数为 1：100，模型设计高度 68cm，长 200cm，宽 18cm。根据实测参数，相似模拟实验中老顶岩层破断块的长度为 16cm，采用走向长壁法开采，每步推进 1cm。

为了达到模型与实际沙土层在采动条件下变形和破坏过程相似，必须合理确定模拟实验的相似条件。由于本次模拟为动态过程模拟，相似条件比静态模拟多，主要包括几何相似、采动岩土体变形和破坏过程的本构相似、单值条件相似以及由无因次参数所确定的相似等准则。相似参数包括几何尺寸 l、容重 γ、运动时间 t、运动速度 v、重力加速度 g、土层性质（强度 σ、弹模 E、黏结力 c、内摩擦角 φ 等）等方面。相似条件为（下标 p 表示原型，m 表示模型）：几何相似条件 $\alpha_l = \dfrac{l_m}{l_p} = \dfrac{1}{100}$；重力相似条件 $\alpha_\gamma = \dfrac{\gamma_m}{\gamma_p} = \dfrac{2}{3}$；重力加速度相似条件 $\alpha_g = \dfrac{g_m}{g_p} = \dfrac{1}{1}$；时间相似条件 $\alpha_t = \dfrac{t_m}{t_p} = \sqrt{\alpha_l} = \dfrac{1}{10}$；速度相似条件 $\alpha_v = \dfrac{v_m}{v_p} = \sqrt{\alpha_l} = \dfrac{1}{10}$；位移相似条件 $\alpha_s = \alpha_l = \dfrac{1}{100}$；强度、弹模、黏结力相似条件 $\alpha_R = \alpha_E = \alpha_c = \alpha_l \alpha_\gamma = \dfrac{1}{150}$；内摩擦角相似条件 $\alpha_\varphi = \dfrac{R_m}{R_p} = \dfrac{1}{1}$；作用力相似条件 $\alpha_f = \dfrac{f_m}{f_p} = \alpha_g \alpha_\gamma \alpha_l^3 = 0.67 \times 10^{-6}$。

根据相似条件，确定相似配比表如表 2.2 所示。模型按相似配比，采用分层制作，自然风干，按照时间相似比进行开挖。

表 2.2　相似模型参数

序号	岩层名称	厚度/cm	容重/（kN/m³）	模型长度/cm	模型厚度/cm	岩层质量/kg	抗压强度/MPa	抗拉强度/MPa	配比号	砂子质量/kg	煤粉质量/kg	石膏质量/kg	大白粉质量/kg
1	沙土层	45.0	15	200	18	243	0.06	—	95：2：3	232	—	4.5	6.5
2	细砂岩	13.0	16	200	18	86.4	0.23	0.017	746	75.6	—	4.32	6.48
3	粉砂岩	6.0	16	200	18	57.6	0.16	0.014	937	51.8	—	1.73	4.03
4	煤层	4.0	8.7	200	18	18.8	0.058	0.004	20：20：1：5	8.17	8.17	0.41	2.04

2.2.2　沙土层破坏特征

实验结果按照换算成原型值进行描述，分以下几个阶段[16]。

1. 初次来压期间的"拱状"破坏阶段

工作面推进到 32m 时，基岩老顶（关键层）达到极限垮距，发生初次垮落，此时工作面基岩上部的沙土层随老顶的失稳而垮落，主要呈现"松脱拱"状破坏。

当开挖到 48m 时，老顶初次周期来压，基岩老顶破断后，上覆沙土层垮落仍然呈"拱状"离层垮落，跨度 48m，垮高 16m，如图 2.4 所示。

图 2.4　初采期间的"拱状"破坏

2. 周期来压期间的"厚拱壳"状破坏阶段

当开挖至 64m 时，顶板出现台阶下沉，工作面第二次周期来压，如图 2.5 所示。来压期间，采空区内老顶岩块上部的沙土层形成"厚拱壳"状离层带，拱壳厚度为基岩老顶周期性破断长度 16m，拱壳跨度为工作面采空跨度（64m），高度为 26m。

图 2.5　初次周期性"厚拱壳"状破坏

3. 临界充分采动的"梁拱"破坏

随着工作面的继续推进，顶板岩层逐渐充分采动。当开挖距离 72m 时，后部开切眼侧煤壁上方出现贯通地表的裂隙，工作面前部上方也产生新的地表裂缝，如图 2.6 所示。沙土层呈现上部为"梁"，下部为"拱"的"拱梁"式破坏，最终形成充分塌陷，在开挖边界上方向外也出现地表大裂缝。地层充分垮落区地表下沉 3.8m（采高 4m）。

图 2.6 临界充分采动的"拱梁"式破坏

4. 充分采动后的"弧形岩柱"破坏阶段

在地表充分塌陷后,薄基岩老顶已形成"短砌体梁"结构和"台阶岩梁"结构。基岩的结构、沙土层的破坏表现为从工作面煤壁向后方形成 80° 弧线离层,同时煤壁上方地表沙土层受拉产生竖直向下裂缝,进而贯通。这种贯通性裂缝将周期性产生,使厚沙土层形成"岩柱状",岩柱的宽度为接近于老顶周期垮落步距,如图 2.7 所示。

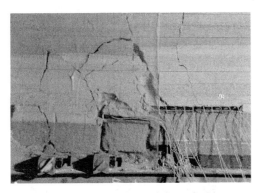

图 2.7 周期性"弧形岩柱"式破坏

2.3 采动厚沙土层动态载荷传递规律

浅埋煤层开采后,其顶板关键层结构及其上覆厚沙土层的运动在力学上属于双动态(顶板结构块动态运动和沙土层动态运动)卸荷破坏。揭示厚松散层(沙土层)的载荷传递特征和规律,对建立顶板动态结构理论有直接意义。

2.3.1　采动顶板关键层动态载荷总体分布规律

通过对每个测试块上传感器测点平均应力与工作面位置的关系进行整理，可得工作面顶板关键层受工作面采动后的总体载荷分布曲线具有如下规律（图 2.8）。

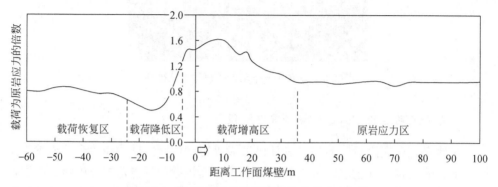

图 2.8　工作面顶板关键层的总体载荷分布规律

（1）工作面煤壁前方 35m 以外未受采动影响，这一关键层处于原岩应力状态的区域，称为原岩应力区。

（2）工作面煤壁前方 35m 关键层上的载荷开始增加，到工作面前方 10m 达到峰值，峰值应力为原岩应力的 1.6 倍，这一区域称为载荷增高区，与传统的超前支承压力区一致。

（3）在工作面煤壁后方 5~25m，为关键层岩梁结构的运动区，岩块的回转和下沉运动导致卸载，载荷开始由 1.5 倍原岩应力急速下降为约 0.5 倍原岩应力，表现出明显的载荷传递效应。该区域称为载荷降低区，是进行顶板结构稳定性分析和顶板控制的重点区域。

（4）工作面煤壁 25m 之后，由于顶板结构运动趋于稳定，沙土层逐渐压实，关键层应力有所增长，逐渐恢复到原岩应力，这一区域称为载荷恢复区。

（5）关键层总体的载荷分布规律表明，关键层载荷分布总体上分为 4 个区，即原岩应力区；在工作面煤壁前方的载荷增高区，即传统的支承压力区；在工作面顶板结构运动区出现的载荷传递区（载荷降低区）；在工作面后方顶板结构稳定区的载荷恢复区。

这充分说明，关键层上的载荷随着工作面的开采呈现动态变化，变化最明显的区域正是直接影响工作面支护安全的顶板"关键块"结构所处的区域，认识这种规律对于科学建立顶板结构理论和进行顶板控制具有十分重要的意义。

2.3.2 采场顶板关键块结构的动态载荷分布规律

1. 关键块结构典型载荷分布规律

图 2.8 是采动后顶板关键层上的宏观载荷分布规律,没有反映出关键块结构的具体载荷分布及其变化规律。建立顶板结构理论和进行控制分析,必须搞清关键块结构上的载荷动态分布规律。为此,通过实测给出了顶板关键层形成"岩梁"结构在切落运动前后的典型载荷分布,如图 2.9 所示,其中 A、B、C 表示顶板结构的关键块[17]。

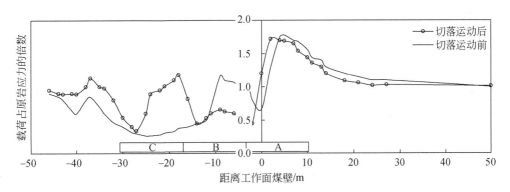

图 2.9 顶板结构关键块运动前后的典型载荷分布

典型时刻关键块结构载荷分布,有如下规律。

(1)工作面前方 A 关键块位于增压区。随着接近工作面煤壁其载荷逐渐增大,最大载荷达到未受采动影响时原岩应力的 1.75 倍,平均载荷达到 1.5 倍原岩应力。在顶板结构切落运动后,载荷峰值向煤壁移动(图 2.10)。

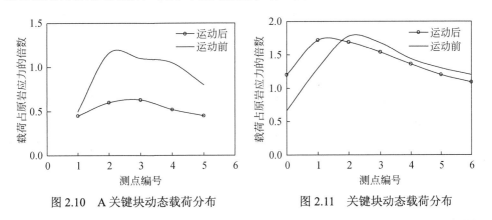

图 2.10 A 关键块动态载荷分布   图 2.11 关键块动态载荷分布

(2)顶板结构 B 关键块位于工作面支护区的正上方。在顶板结构运动的初期 B 关键块载荷超过原岩应力，此刻 B 关键块载荷大于 C 关键块。B 关键块发生切落运动后，出现卸荷现象（载荷传递滞后），载荷降低为原岩应力的 0.5 倍。B 关键块上的载荷分布呈现中间大两端小的形态，载荷作用点基本在块体的中部（图 2.11）。

（3）在顶板结构运动初期，C 关键块的载荷很小，仅为原岩应力的 0.3 倍左右。当 B 关键块发生切落运动卸荷后，载荷转移到 C 关键块。此时，C 关键块上载荷上升恢复到原岩应力水平（图 2.12）。可见，顶板运动稳定后，A、C 关键块基本处于压实状态，顶板结构的稳定性主要取决于 B 关键块的稳定性，B 关键块的载荷传递规律是研究顶板结构稳定性的关键。

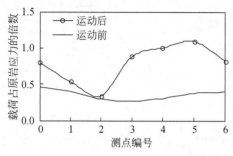

图 2.12　C 关键块动态载荷分布　　　图 2.13　B 关键块载荷随时间的变化曲线

综上所述，关键层载荷的总体分布主要呈现为工作面前方的载荷增高区，工作面上方的载荷降低区（动态载荷传递区），工作面后方的载荷恢复区。A 关键块位于载荷增高区，B 关键块位于载荷降低区，C 关键块位于载荷恢复区，B 关键块的下沉运动是造成载荷降低的根本原因。B 关键块上的典型载荷分布为中部大两端小，载荷作用点基本在块体中部；A 关键块的载荷分布为非对称分布，载荷作用点靠近煤壁；C 关键块的载荷接近原岩应力。

2. B 关键块上载荷变化的时间效应

通过动态载荷实测，得出 B 关键块平均载荷随时间的变化规律如图 2.13 所示，时间计算点自该块体推过煤壁算起。可见，载荷传递随时间的发展阶段有如下规律。

（1）B 关键块刚形成和回转运动初期，存在明显的卸荷现象，约为原岩载荷的 30%。

（2）随着时间的增长，B 关键块上二次"卸荷拱"形成，拱内的载荷体引起关键块载荷增加，约为原岩载荷的 50%，此时的载荷为工作面正常推进下的最大载荷（K_p 点）。

（3）当工作面推进速度减慢或者停滞不前，随时间的增长，"卸荷拱"破坏，上部的载荷将进一步传递到关键块而引起载荷增加，直至达到 1 倍原岩载荷（进入 C 关键块）。

2.4　厚松散层载荷传递因子确定

基于厚沙土层的周期性破坏特征及动态载荷分布规律，本书提出了载荷传递因子的概念，并给出了计算公式，解决了关键块上的载荷确定问题。

2.4.1　载荷传递因子的提出

通常，顶板关键层上的载荷层为附着于其上的软弱岩层，载荷层随关键层的运动而运动，载荷层的重量几乎全部传递于关键层。然而，实测发现，浅埋煤层工作面周期来压期间厚松散层（沙土层）地表最大下沉速度点滞后采场约 30m，顶板垮落到地表塌陷经历了 14h，存在明显的载荷传递效应。为此，提出载荷传递因子 K_G（$\leqslant 1$），表示为

$$K_G = K_r K_t \tag{2.4}$$

式中，K_r 为岩性因子；K_t 为时间因子。

2.4.2　载荷传递的岩性因子

周期来压阶段，顶板关键块的载荷由关键层岩块重量 P_G 和载荷层传递的重量 P_Z 组成（图 2.14）。考虑到载荷传递效应，载荷层作用于关键块的载荷为

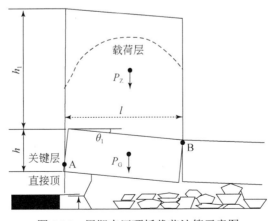

图 2.14　周期来压顶板载荷计算示意图

$$P_Z = K_G h_1 l \rho_1 g \tag{2.5}$$

式中，K_G（$\leqslant 1$）为载荷传递系数；h_1 为载荷层厚度，m；l 为关键块长度，m；$\rho_1 g$ 为载荷层平均容重，kN/m^3。

对于开挖引起的土压力，根据文献［14］中的式（3-128），$K_t = 1$ 时，老顶岩块的载荷为

$$P_z = \frac{\rho_1 g l^2}{2\lambda \tan\varphi} \qquad h_1 \geqslant (1.5 \sim 2.5)l \qquad (2.6)$$

联立式（2.5）和式（2.6），可得周期来压时的载荷传递岩性因子为

$$K_r = \frac{l}{2h_1 \lambda \tan\varphi} = \frac{l}{2h_1(1 - \sin\varphi)\tan\varphi} \qquad (2.7)$$

式中，φ 为载荷层的内摩擦角，（°）；λ 为载荷层的侧应力系数。可见，K_r 仅与载荷层厚度、老顶关键块长度和载荷层内摩擦角有关。

设随关键块运动载荷层跨度与厚度比 $K_0 = l/h_1$，称为载荷层跨厚比，则载荷传递因子随载荷层内摩擦角的关系如图 2.15 所示。可见，当内摩擦角为 20°以上时，$K_r \approx 2l/h_1$。

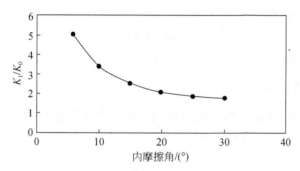

图 2.15　载荷传递的岩性因子随内摩擦角的变化规律

2.4.3　卸荷拱的高度

根据式（2.6）可知，当载荷层厚度较大时，关键块上载荷的大小只与载荷层的性质、关键块的长度有关，与载荷层的厚度无关，即厚载荷层具有"拱"效应，并得到实验中"卸荷拱"的验证。为了确定初次来压期间卸荷"拱"的高度，建立修正的普氏拱力学模型，如图 2.16 所示。

图 2.16 中，b 为卸荷拱顶点，取 O 点为坐标原点，并假设卸荷拱是处于内外压力作用下，内外压力差的水平分力为 ξp，竖直分力为 ηp，p 为静止土压力强度，ξ、η 为水平压力差系数和竖直压力差系数，卸荷拱可视为在均匀压力 ηp 和 ξp 的压力场中。图中 x、y 分别为计算点 n 的横坐标和纵坐标，h 为卸荷拱的高度，l

为卸荷拱下方关键块长度，N 为拱脚处所受的轴力，T、V 为 N 的水平分量和垂直分量。

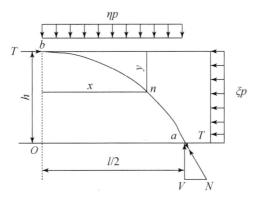

图 2.16　卸荷拱计算简图

在 bn 弧段上，拱顶 b 点只作用于水平轴力 T，考虑到 B 关键块上弧形岩柱运动后的侧压力很小，可以忽略不计，则由 $\sum M_{\mathrm{n}} = 0$，$T \cdot y = 0.5\eta p x^2$，得拱形为抛物线方程：

$$y = \frac{\eta p}{2T} x^2 \qquad (2.8)$$

a 点极限平衡时，

$$T = \frac{\eta p l^2}{8h}, \qquad V = \frac{\eta p l}{2} \qquad (2.9)$$

在 a 点设砂土层的内摩擦角为 φ，则 $T = V\tan\varphi$，可得拱高为

$$h = \frac{1}{4}l\cot\varphi$$

考虑实际载荷的非均匀性，引入修正系数 λ^*，则拱高为

$$h = \frac{\lambda^* l}{4\tan\varphi} \qquad (2.10)$$

联立式（2.8）～式（2.10），可得修正的平衡方程为

$$y = \frac{\lambda^*}{l\tan\varphi} x^2$$

沙土层在关键块上传递的重量，可以通过计算拱内的载荷层重量来确定。通过积分求得卸荷拱的面积 $A = \lambda^* l^2/(6\tan\varphi)$，则作用在关键块体上的载荷为

$$P_z = \frac{\rho_1 g \lambda^* l^2}{6\tan\varphi} \tag{2.11}$$

联立太沙基原理得出的式（2.6），确定修正系数 $\lambda^* = \dfrac{3}{\lambda}$，代入式（2.10）可得"卸荷拱"高度为

$$h = \frac{3l}{4\lambda\tan\varphi} = \frac{3l}{4\tan\varphi(1-\sin\varphi)} \tag{2.12}$$

可见，卸荷拱的高度与载荷层厚度无关，与关键块长度成正比，与内摩擦角成反比。

卸荷拱高度对松散层内摩擦角的变化，如图 2.17 所示。载荷层内摩擦角大于 25°，卸荷拱的高度约为 $h = 2.5l$。"卸荷拱"高度与式（2.6）中的载荷层厚度大于 $2.5l$ 的条件是一致的。可以按照"卸荷拱"高度判断是否存在载荷传递效应，按照"卸荷拱"载荷确定关键块在正常推进时的载荷。

2.4.4　载荷传递的时间因子

载荷传递的时间因子 K_t 主要反映载荷层破坏的结构将随时间而变化这一特性。由式（2.4）和式（2.5）可得载荷传递时间因子的计算公式为

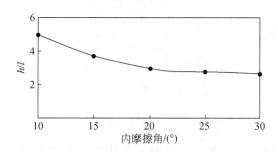

图 2.17　卸荷拱高度与内摩擦角的关系

$$K_t = \frac{P_z}{K_r h_1 l \rho_1 g} \tag{2.13}$$

根据式（2.6）有 $P_z = K_r h_1 l \rho_1 g$，则 $K_{t0} = 1$；当 $P_z = h_1 l \rho_1 g$ 时，时间因子达到最大值，即 $K_{t\max} = 1/K_r$；若 $K_r = 0.5$，$P_{z\min} = 0.3 h_1 l \rho_1 g$，则有 $K_{t\min} = 0.6$。

根据分析，可以得出载荷传递的时间因子的变化规律。如图 2.18 所示，主要有：①由 A 关键块向 B 关键块转化初期，回转运动形成载荷速降，时间因子由 $K_{t\max} = 1/K_r$ 减小为 $K_{\min 1}$；②B 关键块相对稳定时为载荷传递的稳定期，时间因子 $K_t = K_p = 1$；③由 B 关键块向 C 关键块转化时，出现第二次载荷速降期，$K_t = K_{\min 2}$；

④在 C 关键块上载荷层的卸荷拱压实，载荷恢复上升期，最终达到 $K_{t\,max}=1/K_r$。

如果工作面推进过慢，将导致 B 关键块稳定期之后直接形成载荷上升期，造成工作面压力迅速上升。因此，保证正常的推进速度有利于顶板控制。

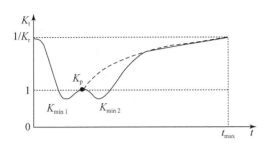

图 2.18　载荷传递的时间因子变化曲线

2.4.5　B 关键块上的载荷确定

根据载荷传递因子的分析，可以得出关键块载荷的计算原则。

（1）当载荷层厚度大于"卸荷拱"高度时，作用于关键块的载荷为

$$P_z = \frac{\rho_1 g l^2}{2(1-\sin\varphi)\tan\varphi} K_t \tag{2.14}$$

（2）当载荷层厚度小于"卸荷拱"高度时，载荷层的全厚重量作用于关键块（即 $K_G=1$），此时为传统的载荷计算公式，即

$$P_z = h_1 l \rho_1 g \tag{2.15}$$

2.5　本 章 小 结

本章基于浅埋煤层开采中地表厚松散层的"载荷传递"现象，得出了厚松散层的破坏特征及其在关键块上的动态载荷传递规律，提出了载荷传递因子，主要结论如下。

（1）浅埋煤层顶板厚沙土层的破坏特征包括初采期间的"松脱拱"式及周期性"厚拱壳"式破坏、临界充分采动期间的"拱梁"式破坏、充分采动后的周期性"弧形岩柱"式破坏和岩柱内的二次"卸荷拱"。

（2）关键层载荷分布总体上分为原岩载荷区、工作面前方的载荷增高区（支承压力区）、工作面上方的载荷传递区（载荷降低区）和工作面后方的载荷恢复区。

（3）顶板结构 A 关键块位于载荷增高区。B 关键块位于载荷传递区，切落运动后出现卸荷效应。B 关键块上的载荷分布为中间大两端小。当 B 关键块发生切

落卸荷后，载荷转移到 C 关键块，使 C 关键块的载荷逐渐恢复到原岩载荷水平。

（4）顶板结构中，A、C 关键块基本上处于压实状态，顶板结构的稳定性主要体现在 B 关键块的稳定性，B 关键块的载荷传递规律是研究顶板结构稳定性的关键。

（5）载荷传递因子由岩性因子和时间因子的积构成。岩性因子主要与载荷层内摩擦角和关键块长度有关。正常状态下，关键块载荷为二次"卸荷拱"传递的载荷；非正常开采时，应考虑时间因子的影响。

（6）载荷层厚度大于"卸荷拱"高度时，按照卸荷拱载荷计算关键块载荷；载荷层厚度小于"卸荷拱"高度时，按照载荷层全厚度计算关键块载荷。

第3章　浅埋煤层大采高工作面矿压显现规律

我国西部普遍存在浅埋煤层，厚煤层储量丰富，大采高已成为该类煤层的主要开采技术。然而，随着采高的增加，支架阻力不断增大，煤壁片帮日益严重，岩层控制面临新的挑战。本章对浅埋煤层普通工作面和不同采高工作面（4～7m）的矿压实测数据进行对比分析，得到了浅埋煤层大采高工作面矿压显现的基本规律，为建立浅埋煤层大采高工作面顶板岩层控制理论奠定了基础。

3.1　浅埋煤层普通采高工作面矿压显现规律

本节通过分析采高为 2.2m 和 3.5m 两个工作面开采的矿压实测数据，掌握了浅埋煤层普通采高工作面的矿压显现规律。

3.1.1　采高 2.2m 的普采工作面矿压显现规律

1. 工作面概况

神府矿区大柳塔煤矿 C202 普采工作面是建井初期为正规工作面顶板管理积累经验而投产的第一个试采工作面。开采 2^{-2} 煤层，厚度 3.5～4.1m，平均 3.8m，倾角小于 3°，埋深平均 65m。煤系地层如表 3.1 所示。煤层顶板组成可分为以下几种。

表 3.1　C202 普采工作面煤系地层典型柱状

层序	厚度/m	容重/（MN/m³）	抗压强度/MPa	岩性	
1	25.0	0.0170	—	松散层 （48.4m）	风积沙、砾石、风化层
2	7.4	0.0140	—		1^{-2} 煤层火烧区
3	1.1	0.0240	17.5		泥岩、炭质泥岩、煤线
4	14.8	0.0243	27.5		较松散块状粉砂岩
5	0.1	0.0140	14.8		煤线
6	4.2	0.0239	3.9	基岩层 （17.3m）	中粒砂岩
7	4.5	0.0243	41.3		砂质泥岩
8	2.4	0.0239	36.9		粉砂岩

层序	厚度/m	容重/（MN/m³）	抗压强度/MPa	岩性	
9	0.3	0.0245	41.3	基岩层 （17.3m）	砂质泥岩
10	1.5	0.0239	36.9		细砂岩
11	4.4	0.0245	32.2		砂质泥岩、泥岩、煤线
12	4.0	0.0130	13.4		2^{-2} 煤层
13	1.8	0.0241	37.5		砂质泥岩

（1）伪顶。其厚度小于 0.5m，为极易垮落的炭质泥岩，层理和裂隙发育。

（2）直接顶。其厚度为 0.46～7.5m，一般 3m 左右，为粉砂岩、泥岩和砂质泥岩，层理发育。初次垮落步距 17m，属中等稳定顶板。

（3）老顶。其厚度大，岩性为砂岩和砂质泥岩，单向抗压强度达 50MPa。

开采区上方 1^{-2} 煤层已自燃，烧变岩厚度 20m 左右，其上为毛乌素沙漠风积沙覆盖层。工作面长度为 102m，采高 2.2m，爆破落煤，日进 1 循环，循环进尺 1.2m。采用 HZWA 微增阻金属摩擦支柱，配合 HDJA-1200 金属铰接顶梁支护顶板。排距 1.2m，柱距 0.6m，控顶距为 3.6～4.8m，以见四回一，全部垮落法管理顶板。

2. 工作面矿压显现规律

C202 普采工作面矿压观测自 1990 年 3 月 14 日至 4 月 30 日，历时共计 48d。观测开始时工作面已推进 143.6m，观测期间共经历 6 次周期来压，工作面来压特征如图 3.1 及表 3.2 所示。工作面来压"三量"（支柱载荷、顶底板移近量和活柱下缩量）的大小及分布情况如表 3.3 和表 3.4 所示，分析来压与"支架-围岩"作用特征。根据实测数据，工作面来压"三量"增值倍数都较大，平均 2.6～3.8，支柱"三量"分布呈前排小后排大的特点。由于工作面留有底煤，支柱插底导致支护系统刚度降低，支柱实际工作特性远未达到理论特性（图 3.2）。

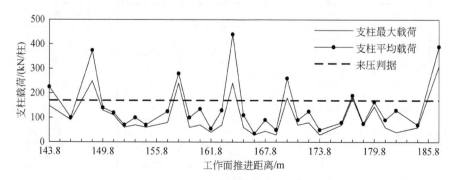

图 3.1　工作面周期来压曲线

表 3.2　工作面周期来压特征

来压次序	来压步距 /m	经历推进距离 /m	支柱平均载荷 /（kN/柱）	支柱平均最大载荷 /（kN/柱）	顶底板平均移动速度 /（mm/h）	活柱平均下缩量 /mm	台阶个数 /个	台阶下沉量 /mm
1		1.2	248.4	313.3	13.75	70.42	1	600
2	9.6	1.2	233.0	249.5	6.85	67.25	1	400
3	6.0	1.2	245.7	430.0	4.66	68.67	1	350
4	6.0	1.2	180.0	260.0	8.99	72.70	1	400
5	7.2	1.2	188.7	192.0	4.69	65.82	1	500
6	9.2	1.2	322.5	400.0	6.30	66.25	1	500
平均	7.56	1.2	236.4	307.5	7.54	68.52	1	458

表 3.3　工作面来压"三量"增值倍数

来压次序	支柱平均载荷/倍	顶底板移近速度/倍	活柱下缩量/倍
1	3.3	5.5	1.4
2	2.5	2.5	2.7
3	3.7	2.2	3.3
4	3.4	6.6	10.0
5	2.6	2.6	2.7
6	3.8	2.6	2.9
平均	3.2	3.7	2.8

表 3.4　C202 工作面"三量"分布

支柱排数	距煤壁距离/m	支柱平均载荷/（kN/柱）	活柱下缩量/mm	顶底板移近量/mm
1	1.2	39.4	9.7	23.2
2	2.4	106.5	31.5	66.5
3	3.6	133	62.2	127.7

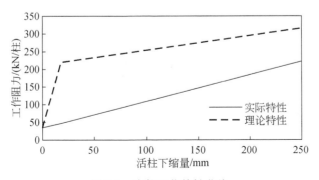

图 3.2　支柱工作特性曲线

浅埋煤层 2.2m 采高普采工作面矿压显现规律如下。

（1）根据开采顶板垮落情况，老顶初次来压步距为 24m。

（2）周期来压明显，来压步距一般为 6～9m，来压经历时间短。

（3）来压的主要特征是沿煤壁产生台阶下沉，下沉量为 350～600mm，最大台阶下沉位于工作面中下部长达 70m 范围内，说明老顶不能形成稳定结构。但是，金属摩擦支柱支护的工作面并没有被压垮，说明顶板仍然存在结构效应。

（4）生产工序对矿压显现影响明显。回柱时顶底板移近速度为平时的 4.91 倍，支架载荷为平时的 3.2 倍，活柱下缩量为平时的 3.5 倍。加快工作面推进速度有利于顶板管理，当工作面推进慢至一天一个循环（1.2m）时，距工作面煤壁 2.4m 处顶板平均下沉量为 62.4mm，支架平均载荷为 102kN/柱，活柱下缩为量为 67.7mm，比平时增加 36.5mm。

（5）进、回风巷矿压显现缓和，采动影响范围 16m，支承压力峰值距煤壁 4.5m。

3. C202 工作面顶板结构分析

通过分析 C202 工作面顶板结构，得到以下几点认识。

（1）工作面来压存在顶板台阶下沉现象，来压动载明显，体现了滑落失稳的特征。

（2）支柱压力前排小后排大，体现了顶板结构回转运动特征。来压动载系数大，工作面却没有失稳，这与支柱插底让压有关，表明顶板结构有一定的自承能力，体现了滑落失稳型顶板仍然存在"支架-围岩"共同承载特性。

（3）来压动载系数大与支柱控顶能力差有关，用恒阻液压支架可能使顶板状况大为改善。

3.1.2　浅埋煤层 3.5m 采高综采工作面矿压显现规律

1. 工作面概况

活鸡兔井 312-1 综采工作面开采 $1^{-2上}$ 煤层，其布置如图 3.3 所示。煤层结构简单，平均厚度为 3.5m（2.3～4.2m），倾角为 1°～3°，赋存稳定。上覆基岩厚度 50～90m，基岩之上的沙层、红土厚度为 0～13.81m，含水性弱。工作面老顶以中、粗砂岩为主，泥质胶结，质地坚硬，厚度大于 15m。工作面直接底为粉、细砂岩互层，斜层理、波状层发育，厚度为 1.06～3.00m。工作面老底以中、细砂岩为主，厚度为 6.9～19.5m。

工作面采高 3.5m，工作面支护采用 DBT8824/17/35 型电液控制型掩护式液压支架 140 台，支护高度 1700～3500mm。回采方向上总体呈负坡推进，部分地段呈波状起伏。

图 3.3 活鸡兔井 12 上 312-1 综采工作面巷道布置图

2. 初采期间矿压显现规律

312-1 综采工作面初采期间的工作面压力规律如曲面图 3.4 所示，有如下矿压规律。

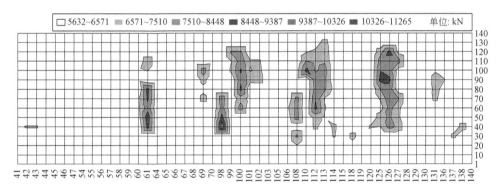

图 3.4 工作面初采期间工作面压力规律

横坐标为工作面推进距离，m；纵坐标为自下而上沿工作面煤壁位置，m

（1）工作面初次来压步距为 61m。初采期间顶板垮落不充分，工作面支架后方有一定空隙；工作面两端头三角区顶板不易垮落，采空区悬顶长度在初采期间超过 20m。

（2）初次来压前，工作面整体无压力，支架立柱压力不超过 5632.3kN。

（3）初次来压时，支架立柱压力一般为 6571～8448kN，最大为 9387kN。安全阀开启压力为 8824kN，开启率不高。活柱下缩量一般为 50～100mm，最大为 200mm。

3. 正常回采期间矿压显现规律

312-1 综采工作面正常回采期间顶板压力曲面图如图 3.5 所示，有如下规律。

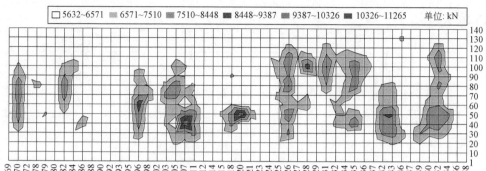

图 3.5　工作面正常回采期间工作面压力规律

横坐标为工作面推进距离，m；纵坐标为自下而上沿工作面煤壁位置，m

（1）周期来压步距为 9～15m，平均 12m。工作面顶板随采随落，顶板垮落效果好。工作面两端头三角区顶板垮落不充分，在两顺槽采取退锚措施后，顶板能及时垮落。

（2）工作面周期来压时，支架立柱压力普遍在 6571～8448kN，少数支架升到9387kN，工作面支架立柱安全阀开启压力 8824kN，有少量支架的安全阀开启。活柱下缩量 50～100mm，最大小于 200mm。

（3）工作面遇到坚硬冲刷构造时，采空区顶板垮落不充分，支架后方空隙1～3m。

（4）工作面来压区段，支架端面顶板有漏矸现象，漏矸高度一般 100～200mm，最大 300～500mm。经过开采 3～4 刀后，顶板压力降至 5632kN 以下，顶板漏矸停止。

4.综采工作面过空巷矿压显现规律

1）工作面过空巷概况

工作面靠运输顺槽侧 9#、12#、15#联巷口垂直煤帮开掘了 3 条探巷，如图 3.6所示。探巷宽为 5m，高度为 2.8～3.3m，探巷已提前进行锚吊棚梁支护。1#探巷长为 82m，2#探巷长为 129m，3#探巷长为 130m。探巷处于工作面冲刷带中，探巷沿煤层底板掘进，顶部冲刷厚度 0～2.75m。为了工作面顺利通过空巷，制定了巷道加强支护措施。

加强支护形式：采用锚杆+钢筋网+锚索+W 钢带支护，锚杆间排距为（1000×1200）mm，锚索间排距为（2000×2500）mm，W 形钢带每排锚索打一根，锚杆规格为 Φ（16×2100）mm，锚杆规格为 Φ（15.24×8000）mm。

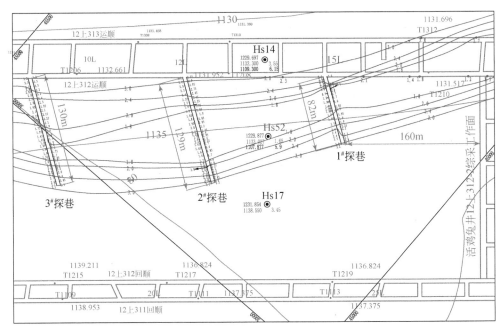

图 3.6　空巷位置示意图

2）矿压显现规律

工作面过空巷矿压显现规律如下（图 3.7）。

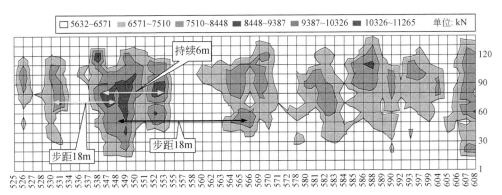

图 3.7　工作面过空巷期间工作面压力显现图

横坐标为工作面推进距离，m；纵坐标为自下而上沿工作面煤壁位置，m

（1）工作面过空巷期间，工作面周期来压步距 18m，持续距离比较长，一般 5～6m。

（2）空巷揭露带的支架立柱压力普遍在 7510～8448kN，部分达到 9387kN，少量支架安全阀开启。空巷揭露带顶板下沉明显，一般在 200～300mm。

（3）对空巷提前进行了加强支护，工作面空巷揭露带顶板完整，没有发生冒顶事故。

3）过空巷顶板控制技术

①工作面推进到空巷揭露带必须提前拉超前支架，减少空顶面积。②采煤机必须加速通过，支架及时前移支护好顶板，减少顶板空顶时间。③必须及时调整支架，确保支架前梁紧贴顶板。④空巷揭露带通过割底加大采高，防止周期来压时支架下沉量大，影响采煤机通过。

4）综采工作面末采期间矿压显现规律

活鸡兔井 12 上 312-1 综采工作面压力曲面图如图 3.8 所示，有如下规律。

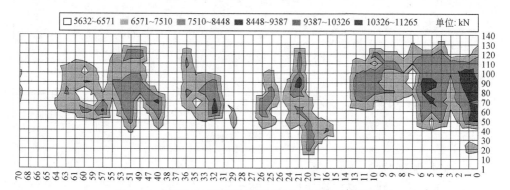

图 3.8　工作面末采期间工作面压力曲面图（见彩图）

横坐标为工作面到停采线的距离，m；纵坐标为自下而上沿工作面煤壁位置，m

（1）距停采线 0～50m 时，处于末采阶段。周期来压时工作面压力显现强烈，最后一次周期来压（靠近停采线）历时较长，压力最大。周期来压呈现出规律性，周期来压步距为 11～13m，平均来压步距为 12m。

（2）来压区段支架立柱压力在 7510～8448kN，个别支架达到 9387kN 以上，大部分支架立柱安全阀开启，支架立柱下沉量 100～200mm，最大下沉量大于 250mm。

（3）工作面采空区顶板随采随落，顶板垮落效果好。工作面两端头三角区顶板垮落不充分，但两顺槽采取退锚措施后，三角区顶板能及时垮落。

（4）工作面来压区段端面距顶板会出现漏矸现象，漏矸高度一般为 100～200mm，最大为 300～500mm。经 3～4 刀后，支架立柱压力恢复到 5632kN 以下，顶板漏矸基本控制。

3.2　采高 4～5m 工作面矿压显现规律

本节对浅埋煤层 4m、4.3m、4.5m 矿压实测数据进行分析，得到浅埋煤层 4～5m

工作面矿压显现的基本规律。

3.2.1　浅埋煤层 4m 采高工作面矿压显现规律

1. 工作面概况

1203 工作面是大柳塔矿正式投产的第一个综采工作面，开采 1^{-2} 煤层，地质构造简单，煤层倾角 3°，平均厚度为 6m，埋深 50～65m。覆岩上部为 15～30m 的风积沙松散层，其下为约 3m 的风化基岩，顶板基岩厚度为 15～40m，在开切眼附近基岩较薄，沿推进方向逐渐变厚（图 3.9），煤系地层各层参数如表 3.5 所示。直接顶为粉砂岩、泥岩和煤线互层，裂隙发育，老顶主要为砂岩，岩层完整。

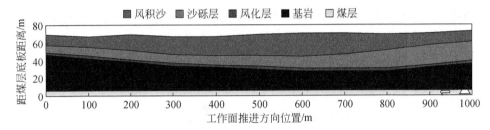

图 3.9　1203 工作面覆岩厚度沿推进方向的变化

表 3.5　1203 工作面煤系地层各层参数

层序	顶板类型、岩性		厚度/m	容重/（kN/m³）	抗压强度/MPa
1	松散层	风积沙、砂石	27.0	17	—
2	（32.0m）	风化砂岩	3.0	23.3	—
3		粉砂岩，局部风化	2.0	23.3	21.4
4		砂岩	2.4	25.2	38.5
5		中砂岩	3.9	25.2	36.8
6		砂质泥岩	2.9	24.1	38.5
7	基岩层	粉砂岩	2.0	23.8	48.3
8	（18.0m）	粉砂岩	2.2	23.8	46.7
9		炭质泥岩	2.0	24.3	38.3
10		砂质泥岩或粉砂岩	2.6	24.3	38.5
11	1^{-2} 煤层		6.3	13.0	14.8
12	粉、细砂岩		4.0	24.3	37.5

工作面长度 150m，采高 4m，循环进尺 0.8m，日进 2.4m。采用 YZ3500-23/45

掩护式液压支架，支架初撑力为 2700kN/架，工作阻力为 3500kN/架。

2.工作面矿压显现规律

1）初次来压

工作面自开切眼推进 27m，老顶初次来压。工作面中部约 91m 范围顶板沿煤壁切落，形成"台阶下沉"。工作面中部约 31m 范围台阶下沉量达 1000mm，部分支架被压毁。

2）周期来压

开始正常观测时，工作面已推进到距开切眼 35m 处。实测期间工作面共推进 40m，历经 4 次周期来压，来压步距 9.4～15.0m，平均 12m。来压期间支架载荷急剧增大，活柱下缩量急剧增加，来压历时一天左右，来压期间仍然有部分支架立柱因动载而胀裂。来压主要特征如图 3.10 及表 3.6 所示。

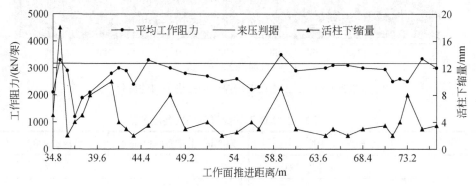

图 3.10　1203 工作面周期来压曲线

表 3.6　1203 工作面周期来压特征

次序	来压步距/m	支架平均载荷/（kN/架）	支架最大载荷/（kN/架）	活柱下缩量/mm	动载系数
1	9.4	3500	3700	18	1.1
2	9.7	3300	3785	3	1.45
3	13.9	3500	3819	9.5	1.3
4	15.0	3450	3690	2.5	1.19
平均	12.0	3437	3748	8.3	1.26

3）工作面顶板破断及地表移动特点

初次来压时在对应煤壁的地表处出现高差约 20cm 的地堑，工作面第一次周期来压时上覆岩层也发生了类似的破断，工作面台阶下沉是顶板基岩沿全厚切落的结果。地表下沉曲线如图 3.11 和图 3.12 所示。

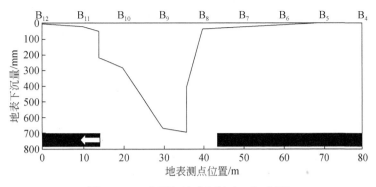

图 3.11　工作面初次来压地表下沉剖面

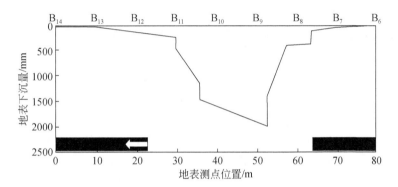

图 3.12　工作面初次和第一次周期来压地表下沉剖面

4）支架的工作阻力

支架初撑力最小 500kN/架，最大 2700kN/架，平均为 2012kN/架，为额定阻力的 74%，初撑力一般分布在 1500～1700kN/架，频率占 78%。支架工作阻力为 1300～3590kN/架，平均 2800kN/架，为额定工作阻力的 80%，非来压时支架的工作阻力不大，来压时支架超载压毁，这是浅埋煤层工作面支架支护阻力不足时的矿压特点。

5）地表顶板厚松散层载荷传递现象

根据 1203 工作面地表岩移观测，初次来压期间，从顶板垮落到地表塌陷历经 14h，说明基岩破断后上覆厚松散层的冒落存在时间过程。根据周期来压的走向地表移动观测曲线（图 3.13），测点具有突发性下沉阶段，说明基岩破断很快波及地表，但地表最大下沉速度点位于工作面后 26～30m，表明松散层作用于顶板结构具有"载荷传递"效应。

顶板"载荷传递"效应是 C202 工作面支柱插底严重而工作面没有被压垮以及工作面推进速度小压力大的原因。

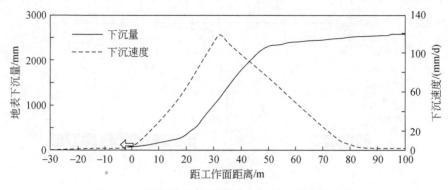

图 3.13　周期来压期间地表下沉量和下沉速度曲线

3.2.2　浅埋煤层 4.3m 采高快速推进工作面矿压显现规律

1. 工作面概况

大柳塔煤矿 20604 工作面开采 2^{-2} 煤层，埋深 80～110m，地表起伏不大，煤层平缓，倾角小于 5°，煤厚平均 4.5m，采高 4.3m。工作面倾向长度 220m，煤层顶板基岩厚度约 42.6m，基岩风化层平均厚度 5.4m，沙砾层、亚黏土层和沙土层平均厚度 56m，工作面煤系地层情况如表 3.7 所示。

表 3.7　煤系地层简表

层序	岩性描述		平均厚度/m
1	松散层 (57.2m)	粉细沙	6.3
2		亚黏土、沙土层	32.8
3		沙砾层，含水层	18.1
4	松软层 (8.0m)	粉砂岩、细砂岩	5.4
5		粉砂岩，下含 1^{-1} 煤层	2.6
6	基岩层 (40.7m)	粉砂岩夹细砂岩	8.0
7		1^{-2} 煤层	0.5
8		中细砂岩，岩性稳定	28.2
9		砂岩及砂质泥岩	4.0
10		2^{-2} 煤层	4.5
11		泥岩，粉砂岩	4.0

工作面正常开采时日推进 17.6m，最高推进 29m，是神东矿区第一个快速推进的综采工作面。采用德国 D.D.T 公司生产的 WS1.7 型掩护式液压支架支护顶板，共 130 台，支架初撑力 4098kN/架，工作阻力 6708kN/架。

2. 工作面矿压显现规律

（1）初次来压。工作面初次来压步距为 54.2m，来压期间，60～114 号支架长壁切顶，顶板台阶下沉量约 25mm。支架平时压力一般为 2618kN/架，来压时压力平均为 5612kN/架，工作面中部压力达 6700kN/架，来压动载系数为 2.14。

（2）周期来压。周期来压步距为 10.8～19.5m，平均 14.6m。支架平时压力一般为 3900kN/架，来压期间工作面中部支架压力一般在 6200kN/架以上，周期来压期间动载系数为 1.58。工作面 30～110 号大部分支架压力达 6700kN/架，安全阀开启，有顶板沿煤壁切顶现象，台阶下沉量一般在 100mm 以内。

3. 推进速度对矿压显现的影响

工作面连续推进速度为 20 循环/d 以上时，工作面压力缓和，支架平均载荷 4674kN/架，最大载荷在 6200kN/架以内。连续快速推进时，来压时工作面中部仍有大量支架安全阀开启，支架最大载荷达 7100kN/架，顶板存在 100～200mm 的台阶下沉。高速推进下，周期来压步距增大，但工作阻力并没有增加，还减缓了工作面台阶下沉量，有利于顶板控制和实现高产高效。

3.2.3 采高 4.5m 综采工作面矿压显现规律

1. 工作面概况

万利一矿 42301 工作面位于 42 煤层三盘区，埋深 142～165m，煤层倾角 1°～3°，煤厚平均 5.2m，采高 4.45m，倾向长度 300m。工作面直接顶为粉砂岩及细砂岩，厚度 0.8～5.6m，老顶为细砂岩，厚度 7.7～15.7m，其上基岩厚度 136～157m，具有多组关键层。

工作面采用郑州四维公司生产的 ZY12000/26/55D 型掩护式液压支架，液压支架额定工作阻力提高为 12000kN/架（47.8MPa），支架的主要技术参数如表 3.8 所示。

表 3.8　工作面 ZY12000/26/55D 型液压支架的主要技术参数

参数	支架中心距 /mm	支护高度 /mm	移架步距 /mm	支架初撑力 /（kN/架）	支架工作阻力 /（kN/架）	支护强度 /MPa
数值	1750	2600～5500	865	8836	12000	1.56

2. 工作面矿压显现规律

（1）初次来压。考虑开切眼距离，初次来压步距 30.3m，工作面压力大部分位于 10212～12766kN，压力在 12766kN 以上的支架较少，压力最大为 13430kN，初次来压期间支架阻力如图 3.14 所示。初次来压期间，支架安全阀开启率较小，立柱下沉量较小，不足 100mm，工作面片帮不严重。直接顶垮落时，工作面支架间有粉尘被强气流吹出，但无飓风。

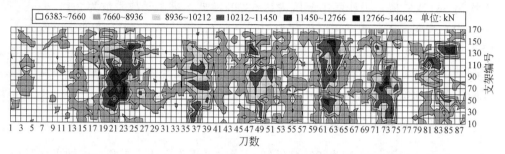

图 3.14　42301 工作面初次来压支架工作阻力曲线图（见彩图）

（2）周期来压。周期来压步距平均 9～25m，存在大小周期来压现象。来压持续长度 3m，工作面支架平时载荷约 7660kN，周期时支架的载荷为 8936～13072kN，平均 10110kN，动载系数为 1.46。周期来压期间，工作面顶板出现漏矸，漏矸段需要拉出超前支架 1 刀煤，才能支护完全。周期来压期间，工作面出现煤壁酥软和片帮。

根据近浅埋煤层定义，工作面顶板双关键层分层破断导致了大小周期来压。大周期来压时，易发生漏矸冒顶现象。

3.3　采高 5～6m 工作面矿压显现规律

本节对浅埋煤层 5.5m、6m 矿压实测数据分析，得到了浅埋煤层 5～6m 工作面矿压显现的基本规律。

3.3.1　采高 5.5m 工作面矿压显现规律

1. 工作面概况

补连塔矿 32206 综采面开采 2^{-2} 煤层，工作面倾向长度 301m，走向长度 2474m。地表大部分为第四系松散沙层，一般厚 40m，基岩厚约 50m，属于典型浅埋煤层。煤层平均厚度 5.96m，倾角 1°～3°，工作面设计采高 5.5m。煤层直接顶以粉砂岩、

泥岩为主,老顶为细砂岩及粉砂岩,底板为泥质砂岩及细砂岩,煤系地层如表 3.9
所示。

表 3.9　煤系地层表

名称	层厚/m	岩性描述
风积沙	18.5	黄色,中粒沙为主,少量粉沙,底部不整合接触
粉砂岩	4.68	灰色,泥质胶结,石英含量较高
细砂岩	7.27	浅灰色,以长石、石英为主,部分地段为泥岩
中砂岩	5.49	砂岩、砂质泥岩互层,碎屑成分以石英为主
泥岩	0.2	浅灰~深灰色泥岩、砂质泥岩
1^{-2} 煤层	1.03	亮煤为主,少量镜煤和丝炭,断口参差状
泥岩	2.11	泥质为主,水平层理,断口平整,见滑面
粉砂岩	2.35	浅灰白色,微浅灰褐色,泥质胶结,石英含量高
煤质泥岩	0.87	灰色,泥质为主,含铝土,水平层理
泥岩	3.90	灰色含铝土质,水平层理
粉砂岩	0.40	浅灰白色,泥质胶结,石英含量比较高
泥岩	1.99	含铝土质,水平层理
细砂岩	17.55	灰色,长石、石英为主,泥质胶结
粉砂岩	0.40	浅、灰白色,泥质胶结,水平层理
泥岩	1.90	灰色,泥质为主,含铝土水平层理
2^{-2} 煤层	5.50	暗煤组成,中上部裂隙发育,多被方解石充填

工作面采用长壁一次采全高综合机械化采煤方法,工作面采用 ZY12000/28/63D
型电液控制掩护式液压支架 176 台,液压支架的主要技术参数如表 3.10 所示。

表 3.10　工作面 ZY12000/28/63D 型液压支架主要技术参数

参数	支架中心距 /mm	支护高度 /mm	移架步距 /mm	支架初撑力 /(kN/架)	支架工作阻力 /(kN/架)	支护强度 /MPa
数值	1750	2800~6300	865	7860	12000	0.9~1.2

沿工作面倾向布置 5 个矿压观测测区,如图 3.15 所示。每个测区选取三台液
压支架,采用 KJ216 煤矿顶板压力在线监测系统和支架操作系统的 PM4 传感器监
测系统,对来压期间的矿压显现进行观测。

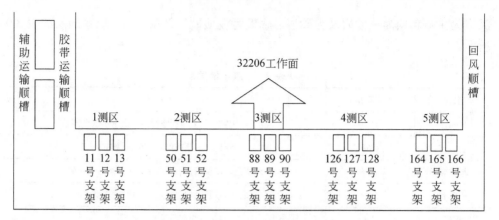

图 3.15　工作面测区布置示意图

2. 初次来压

工作面自开切眼到初次来压段的支架平均最大工作阻力曲线如图 3.16 所示，初次来压步距为 55m。初次来压前工作面支架工作阻力普遍较小，为 5021～7531kN/架。来压期间支架工作阻力急剧上升，工作面中部压力一般为 10669kN/架，最大达 11799kN/架，接近额定工作阻力 12050kN/架（48MPa）。工作面中部 85#～114#支架范围煤壁片帮严重，片帮最大深度达 1400mm。

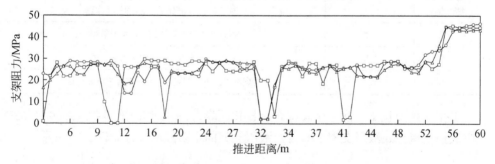

图 3.16　32206 工作面初次来压支架阻力变化曲线（3 测区 88#～90#支架）

3. 周期来压

周期来压观测的推进范围为距切眼 208～286m，期间共经历 5 次周期来压，来压期间支架压力（工作阻力）普遍增高。以工作面中部的 3 测区（中测区）为例，支架工作阻力随工作面推进距离变化曲线如图 3.17 所示。

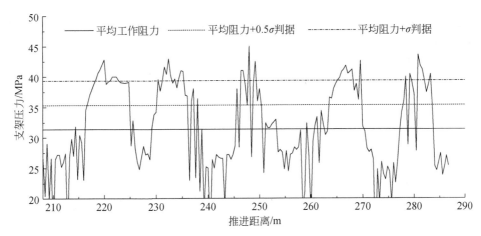

图 3.17　3 测区（中测区）支架工作阻力随工作面推进距离变化曲线

支架初撑力有两类，一类为 6326～7908kN/架，平均 6527kN/架，占支架的 82%；另一类平均 5146kN/架，占支架的 18%。如表 3.11 所示，周期来压步距 12.6～20.1m，平均 15.2m；来压持续距离 1.9～3.6m，平均 2.9m。来压期间，支架工作阻力 10398～11164kN/架，平均 10799kN/架；非来压期间，支架工作阻力 7659～7973kN/架，平均 7801kN/架，动载系数平均 1.38。从各个测区来压数据来看，中测区来压步距接近平均值，压力最大，持续距离最长，动载系数最高。

表 3.11　各测区来压情况统计表

测区	来压步距 /m	持续距离 /m	周期来压		非周期来压		动载系数 K
			工作阻力 /（kN/架）	占额定比例/%	工作阻力 /（kN/架）	占额定比例/%	
1	20.1	2.9	10569	88.1	7659	63.8	1.38
2	12.6	1.9	10398	86.7	7589	63.2	1.37
3	15.7	2.2	11164	93.0	7973	66.4	1.40
4	14.8	3.6	10963	91.4	7943	66.2	1.38
5	12.8	3.0	10903	90.9	7843	65.4	1.39
平均	15.2	2.9	10799	90.0	7801	65.0	1.38

4. 支架支护特性分析

5 个测区支架压力集中在 6250～7500kN/架（1MPa=251kN/架）（额定工作阻力的 52.3～62.8%），占比 32.3%～43.9%，平均 38.8%，中测区所占比例最小。支架压力大于额定工作阻力 94%以上的占比 2.0%～14.1%，平均 6.3%，中部 3 测区所占比例最高，来压比较剧烈，但整体分析工作面支架阻力仍比较富余。工作面中部 3 测区支架工作阻力分布如图 3.18 所示。

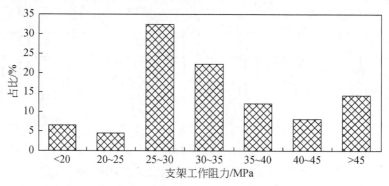

图 3.18　3 测区支架工作阻力分布

5.工作面矿压显现基本规律

（1）初次来压步距约 55m，周期来压步距平均 15.2m。

（2）周期来压期间支架平均工作面阻力达 10750kN/架，非周期来压期间支架平均工作阻力约 7780kN/架，来压强烈，持续时间短。

（3）来压期间 3 测区支架工作阻力和动载系数最大，工作面中部来压强烈。

3.3.2　采高 6m 工作面矿压显现规律

1. 工作面概况

张家峁煤矿 15201 工作面为 5^{-2} 煤层一盘区首采工作面。煤层厚度 6.1～6.35m，平均 6.2m，倾角小于 3°，设计采高 6.0m。工作面长 260m，平均埋深 120m，基岩厚度 70m 且厚度变化较小，松散层厚度 50m。工作面顶板大部分为泥岩，细砂岩、粉砂岩不规则分布，底板以粉砂岩为主，岩体完整。

工作面采用一次采全高综合机械化采煤方法，采用 153 台 ZY12000/28/63D 型电液控制掩护式液压支架。工作面分 5 个测区，每个测区布置三条测线：1 测区（11#、12#、13#支架），2 测区（43#、44#、45#支架），3 测区（75#、76#、77#支架），4 测区（108#、109#、110#支架），5 测区（141#、142#、143#支架）。

2. 初次来压

15201 工作面于 2009 年 6 月 1 号正式回采，2009 年 7 月 1 日，工作面推进到

52m 时，初次来压，平时支架压力和来压时支架瞬时压力分布如图 3.19 所示。初次来压前工作面支架工作阻力较小，为 6326～7531kN；初次来压时，工作面中部 63#～104#支架工作阻力达到 8786～9790kN，动载系数达到 1.3。

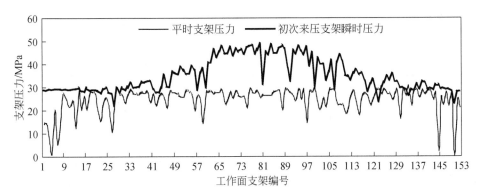

图 3.19　工作面初次来压时沿倾向支架瞬时载荷分布

自开切眼随工作面推进，支架平均工作阻力变化曲线如图 3.20 所示。当工作面推进 52m 时，中部的 70#～90#支架工作阻力显著增大，最大达 12050kN，有安全阀开启的现象。工作面片帮比较严重，煤壁时有破裂响声，55#～61#支架对应区域片帮深达 200～400mm。工作面推进到 53m 时，50#～130#支架压力急剧上升，煤壁片帮显著，平均在 300～500mm，此时来压最为剧烈。

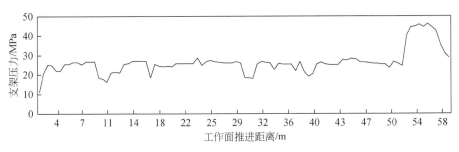

图 3.20　工作面初次来压曲线

3. 周期来压

工作面从切眼开始推进 135m。观测历经 1 次初次来压，5 次周期来压。工作面 5 个测区周期来压情况如表 3.12 所示，工作面周期来压步距 13.0～18.5m，平均 15.5m。工作面中部测区的步距最小，为 7.5～15.5m，具有大小周期来压现象。来压期间支架工作阻力平均 10750kN/架，为额定工作阻力的 89.5%，平均动载系数为 1.36。

表 3.12　工作面各测区来压情况一览表

测区	来压步距/m	持续距离/m	周期来压/（kN/架）	非周期来压/（kN/架）	动载系数 K
1	18.5	3.0	10645	7808	1.36
2	14.8	3.5	10845	7833	1.35
3	13.0	2.0	10594	7622	1.39
4	15.0	2.8	10670	7901	1.35
5	16.7	3.3	10996	8026	1.37
平均	15.6	2.3	10750	7838	1.36

1 测区周期来压步距为 15～19.5m，平均 18.5m，来压期间支架工作阻力平均 10644kN，是额定工作阻力的 88.7%，动载系数 1.36，非来压期间支架平均阻力 7807kN，是额定工作阻力的 65%。

2 测区周期来压步距为 8～19m，平均为 14.8m，来压期间支架工作阻力平均 10845kN，是额定工作阻力的 90.4%，动载系数 1.35，非来压期间支架平均阻力 7833kN，是额定工作阻力的 65%。

3 测区周期来压步距为 7.5～15.5m，平均 13m，来压期间支架工作阻力平均 10594kN，是额定工作阻力的 88.3%，动载系数 1.39，非来压期间支架平均阻力 7622kN，是额定工作阻力的 64%。

4 测区周期来压步距为 7.5～16.5m，平均 15m，来压期间支架工作阻力平均 10669kN，是额定工作阻力的 88.9%，动载系数 1.35，非来压期间支架平均阻力 7900kN，是额定工作阻力的 66%。

5 测区周期来压步距为 9.5～28m，平均 16.7m，来压期间支架工作阻力平均 10996kN，是额定工作阻力的 91.6%，动载系数 1.37，非来压期间支架平均阻力 8026kN，是额定工作阻力 67%。

工作面中部 3 测区最具代表性，其周期来压曲线如图 3.21 所示。

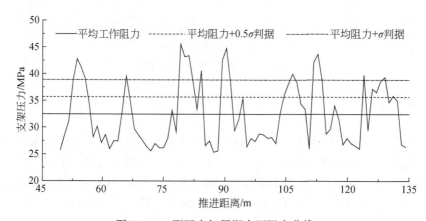

图 3.21　3 测区支架周期来压阻力曲线

4. 工作面矿压显现基本规律

（1）初次来压步距 54m，周期来压步距平均 15.6m。工作面中部周期来压步距最小，为 7.5～15.5m，平均 13m。

（2）周期来压期间支架平均工作阻力达 10750kN/架，非周期来压期间支架平均工作阻力约 7838kN/架，动载系数 1.36，来压强烈，持续时间短。

（3）来压期间 3 测区支架工作阻力和动载系数最大，工作面中部来压最强烈。

（4）工作面来压时直接波及至地表，覆岩垮落呈冒落带和裂隙带"两带"。

3.4 采高 6～7m 工作面矿压显现规律

本节对浅埋煤层 6.3m、6.9m 和 7m 矿压实测数据进行分析，得到了浅埋煤层 6～7m 工作面矿压显现的基本规律。

3.4.1 采高 6.3m 工作面矿压显现规律

1. 工作面概况

纳林庙 62105 综采工作面开采 6^{-2} 煤层，煤层倾角 3°，平均厚度 6.42m，平均埋深 170m，工作面覆岩组成见表 3.13。工作面采用走向长壁综合机械化一次采全高采煤方法，设计采高 6.3m，采用 ZY-13000/28/63D 掩护式液压支架，支架主要参数见表 3.14。工作面共布置五个测区，即 1 测区（$4^{\#}$～$8^{\#}$架）、2 测区（$38^{\#}$～$42^{\#}$架）、3 测区（$70^{\#}$～$74^{\#}$架）、4 测区（$101^{\#}$～$105^{\#}$架）和 5 测区（$134^{\#}$～$138^{\#}$架）。

表 3.13 工作面覆岩组成表

层序	厚度/m	岩性	
1	26.4	松散层 （26.4m）	风积沙、黄土
2	48.2	风化层	细砂岩、砂质泥岩
3	4.1	（52.3m）	4^{-1} 煤层
4	28.5	基岩层	细砂岩、泥岩
5	1.7	（30.2m）	4^{-2} 煤层
6	35.7	基岩层	细砂岩、砂质泥岩
7	10.9		砂质泥岩
8	13.0	（59.6m）	细砂岩、粉砂岩
9	6.4	6^{-2} 煤层	

表 3.14　工作面 ZY-13000/28/63D 型液压支架主要技术参数

参数	支架中心距/mm	支护高度/mm	移架步距/mm	支架初撑力/（kN/架）	支架工作阻力/（kN/架）	支护强度/MPa
数值	1750	2800～6300	865	8728	13000	1.31～1.44

2. 初次来压

62105 工作面在推进 110m 以内，压力不明显。明显的初次来压步距约 116m，来压期间工作面中部压力较大，一般达到 11357kN，最大达到 13191kN，超过额定工作阻力（13000kN）。来压期间，工作面 61#～88# 支架范围内出现漏矸，煤壁片帮比较严重，最大深度达 800mm。

3. 周期来压

从工作面距切眼 132m 推进到距切眼 238m。期间有 5 次周期来压，周期来压步距平均 12.4m。来压期间支架工作阻力普遍增高，中部测区最大达 12728KN/架，动载系数最大 1.49，平均 1.32。工作面各测区的来压情况如表 3.15 所示，工作面周期来压曲线图以中部 72# 支架为代表，如图 3.22 所示。

表 3.15　62105 工作面各测区的来压情况表

测区	来压步距/m	支架工作阻力/（kN/架）		动载系数 K
		最大工作阻力	平均工作阻力	
1	16.5	8198	7221	1.10
2	13.6	12608	8455	1.49
3	13.2	12728	8276	1.34
4	11.2	12296	7301	1.28
5	7.4	8200	6737	1.39
平均	12.4	10806	7598	1.32

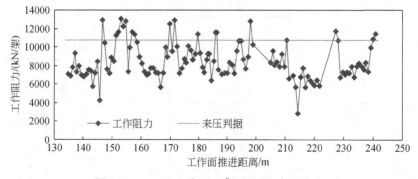

图 3.22　62105 工作面 72# 支架周期来压曲线

3.4.2　采高 6.9m 工作面矿压显现规律

1. 工作面概况

大柳塔煤矿 52303 工作面开采 5⁻² 煤层，煤层倾角 1°～3°，煤层厚度 6.6～7.3m，煤层埋深 166.1～251.8m。工作面长度 301.5m，采高 6.9m。上覆基岩以粉砂岩、中砂岩、细砂岩为主，砂岩所占比例达 87.7%；工作面煤层老顶岩性以中砂岩为主，厚度为 5.2～28.3m；直接顶以粉砂岩为主，厚度为 0～11.73m；伪顶以泥岩为主，厚度为 0～0.25m；直接底以粉砂岩为主，厚度为 0.76～5.6m。工作面覆岩组成如表 3.16 所示。

表 3.16　工作面覆岩组成

顶底板	岩石名称	厚度/m	岩性特征
老顶	中砂岩	5.2～28.3	以石英为主，泥质胶结，块状层理
直接顶	粉砂岩	0～11.73	波状层理，泥质胶结，富含植物化石
伪顶	泥岩	0～0.25	灰色～灰褐色，水平层理发育
直接底	粉砂岩	0.76～5.6	泥质胶结，水平层理发育，局部泥岩薄层发育

工作面采用美国 JOY-7LS8 型采煤机，德国 DBT 公司生产的重型刮板运输机，采用 150 台郑煤 ZY18000/32/70D 掩护式液压支架，支架的主要技术参数如表 3.17 所示。

表 3.17　工作面 ZY18000/32/70D 型液压支架主要技术参数

参数	支架中心距 /mm	支护高度 /mm	移架步距 /mm	支架初撑力 /（kN/架）	支架工作阻力 /（kN/架）	支护强度 /MPa
数值	2050	3200～7000	900	12370	18000	1.43～1.47

2. 初次来压

工作面初次来压步距为 71.9m，来压集中在 35#～125# 支架，压力平均为 17234kN，来压持续长度 0.8～6.5m，安全阀开启率 30%（安全阀开启压力为 47MPa），工作面片帮比较明显，顶板局部地方发生漏矸现象，矿压显现明显。

3. 周期来压

周期来压步距平均 17.1m，其中非来压的推进距离约为 11～12m，周期来压持续距离为 5～6m。正常推进时，支架的载荷为 10264kN 左右，周期来压期间，支架的载荷为 13404～19149kN，平均 17234kN，动载系数为 1.5。工作面中部区域的 30#～120# 支架压力最大，是漏矸、冒顶、压架的高发区，两端头压力较弱。

工作面周期来压期间支架载荷分布如图 3.23 所示。

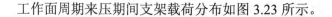

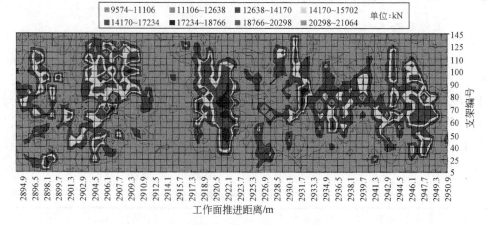

图 3.23   工作面正常回采期间的周期来压曲面图（见彩图）

3.4.3   采高 7m 工作面矿压显现规律

1. 工作面概况

补连塔煤矿 22303 工作面位于 2^{-2} 煤层三盘区，是世界首个采高 7m 的特大采高综采工作面。煤层厚度平均 7.55m，倾角 1°～3°。工作面走向长度 4966m，倾向长度 301m，设计采高 7.0m。伪顶为泥页岩和砂泥岩，厚度 0.1～0.4m；直接顶为 3～7m 的砂质泥岩和细砂岩，以泥质为主；老顶厚度大于 20m，为砂岩互层，局部有炭屑，较致密；直接底为厚度 3m 的泥岩和细砂岩，以泥质为主，含粉砂质；老底为砂岩互层，厚度大于 5m。工作面覆岩组成如表 3.18 所示。工作面采用郑州煤机厂 ZY16800/32/70 型双柱掩护式液压支架，额定工作阻力 16800kN，液压支架的主要技术参数如表 3.19 所示。

表 3.18   工作面覆岩组成

层序	厚度/m	岩性	
1	11.2	松散层 （11.2m）	风积沙
2	120.1	基岩层	中砂岩、细砂岩、粉砂岩
3	7.2	（127.3m）	1^{-2} 煤层，泥岩
4	31.3	基岩层	细砂岩
5	2.0	（33.3m）	泥质泥岩
6	8.0	2^{-2} 煤层	

表 3.19　工作面 ZY16800/32/70 型液压支架主要技术参数

参数	支架中心距 /mm	支护高度 /mm	移架步距 /mm	支架初撑力 /（kN/架）	支架工作阻力 /（kN/架）	支护强度 /MPa
数值	2050	3200～7000	865	12370	16800	1.39～1.44

2.初次来压

工作面两端机头、机尾初次来压步距为 62.5m，工作面中部大部分区域初次来压步距为 48.5m，平均 50.8m。来压期间，支架循环末阻力 16109～16392kN/架，平均为 16210kN/架，达到额定工作阻力的 96.5%。正常期间，支架循环末阻力为 11883～12290kN/架，平均为 11924kN/架，为额定工作阻力的 71%，支架工作阻力利用率较高。支架平均动载系数为 1.36，初次来压强烈。初次来压工作面支架载荷如表 3.20 所示。

表 3.20　工作面初次来压支架载荷分布

支架	初次来压步距/m	来压时支架载荷/（kN/架）	正常时支架载荷/（kN/架）	动载系数 K
30#	62.5	16205	12290	1.32
40#	48.5	16233	11958	1.36
50#	48.5	16149	11901	1.36
60#	48.5	16113	11748	1.37
70#	48.5	16109	11920	1.35
80#	48.5	16162	11961	1.35
90#	48.5	16166	11699	1.38
100#	48.5	16318	11886	1.37
110#	48.5	16392	12086	1.36
120#	48.5	16043	11721	1.37
130#	48.5	16323	12036	1.36
135#	62.5	16308	11883	1.37
平均	50.8	16210	11924	1.36

3.周期来压

工作面进入上覆 1^{-2} 煤层长壁工作面采空区和走向区段煤柱下开采，工作面来压呈现区域性。采空区下工作面压力情况由工作面中部 50#、70# 和 90# 支架载荷得出，如表 3.21 所示。走向煤柱下的工作面压力情况，由 115# 和 120# 支架数据得出，如表 3.22 所示。工作面周期来压步距 13～15m，采空区下较小，平均为 13.2m；

煤柱下稍大,平均为 15.0m。支架载荷变化不大,采空区下支架载荷比煤柱下支架载荷大 0.4%。采空区下的动载系数稍大,平均为 1.43,煤柱下平均为 1.41。周期来压载荷为初次来压的 97%。

表 3.21　长壁采空区下开采工作面周期来压情况

支架	周期来压步距 /m	来压时支架载荷 / (kN/架)	平常时支架载荷 / (kN/架)	动载系数 K	来压持续长度 /m
50#	13.0	15844	10982	1.44	3.8
70#	13.6	15882	11194	1.42	4.5
90#	13.1	15757	10854	1.45	3.5
平均	13.2	15828	11010	1.43	3.9

表 3.22　走向煤柱下开采工作面周期来压情况

支架	周期来压步距 /m	来压时支架载荷 / (kN/架)	平常时支架载荷 / (kN/架)	动载系数 K	来压持续长度 /m
115#	14.7	15794	11312	1.40	2.8
120#	15.3	15732	11145	1.41	2.4
平均	15.0	15763	11228	1.41	2.6

4. 关键层的影响

由于上覆的 1^{-2} 煤层已采,22303 工作面属于近距离煤层重复采动情况。间隔层有存在单一关键层及双关键层 2 种情况。层间存在单一关键层矿压实测结果见表 3.23,层间存在双关键层的矿压实测结果见表 3.24。由表可知,层间为单一关键层时,关键层距离煤层越近,压力越大,表明垮落直接顶的充填对支架载荷具有重要影响。层间存在双关键层时,工作面存在大小周期来压,体现双关键层的分层破断特征如图 3.24 所示[18]。

表 3.23　长壁采空区下和走向煤柱下矿压参数对比

参数	b280 钻孔区域		SK16 钻孔区域	
	长壁采空区	走向煤柱区	长壁采空区	走向煤柱区
层间关键层距煤层距离/m	17.27	17.27	4.02	4.02
来压步距/m	13.2	15.0	13.8	15.7
来压时末阻力/ (kN/架)	15828	15763	16393	15966
平常时末阻力/ (kN/架)	11010	11228	11394	10939

参数	b280 钻孔区域		SK16 钻孔区域	
	长壁采空区	走向煤柱区	长壁采空区	走向煤柱区
支护强度/MPa	1.35	1.35	1.40	1.37
动载系数	1.42	1.40	1.44	1.42
来压持续长度/m	3.2	2.6	6.1	5.3

表 3.24 双关键层来压 70# 支架压力显现特征表

来压次序	来压步距/m	来压时支架载荷/（kN/架）	动载系数 K	来压持续长度/m
1	15.0	16190	1.36	5.6
2	10.6	16294	1.43	4.2
3	12.4	16131	1.36	4.0
4	8.8	16131	1.38	3.3
5	12.4	16014	1.35	1.6
6	9.3	16131	1.38	3.2
7	15.7	16308	1.41	3.8
8	10.0	16426	1.45	4.2

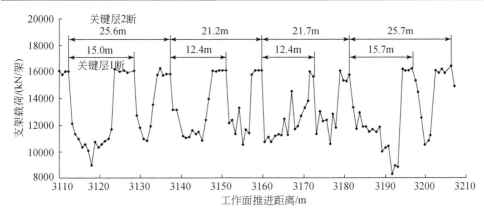

图 3.24 工作面 70# 支架双关键层大小周期来压曲线

3.5 大采高综采工作面矿压规律分析

工作面矿压显现由煤层开采后覆岩破断运动引起，其强烈程度与覆岩结构密切相关。同时，工作面矿压显现也可以反映采场上覆岩层结构的运动特征。大采高综采工作面矿压显现规律实测分析，有助于准确认识大采高工作面覆岩结构，为正确建立采场顶板结构模型奠定可靠基础。

3.5.1 浅埋煤层大采高工作面矿压显现一般规律

1. 工作面支架载荷随采高的变化

根据采高为 4～7m 的大采高工作面实测统计（表 3.25），大采高工作面支架工作阻力普遍大于普通采高工作面，且随采高的增加而增大。这与选择液压支架吨位大，初撑力高有关，也与顶板结构有关。采高 4m 时支架最大载荷近 6000kN/架；采高 5m 左右时支架载荷达到 10000kN/架左右；采高 6m 左右时支架载荷达到 11000kN/架左右；采高近 7m 时支架最大载荷高达 16150kN/架。对 11 个大采高工作面支架最大工作阻力的统计如图 3.25 所示，随着采高的加大工作面支架载荷有增加的趋势，特别是当采高大于 6m 后支架载荷迅速上升[19]。

表 3.25　不同采高工作面支架载荷

矿名	工作面名称	采高/m	支架循环末载荷/（kN/架）	普通采高支架载荷/（kN/架）
大柳塔	20601	4.0	6000	
活鸡兔	21305	4.3	10922	
杭来湾	30101	5.0	9232	
补连塔	32206	5.5	10888	3000～5000
张家峁	15201	6.0	10758	
补连塔	22301	6.1	11426	
纳林庙	62105	6.3	10806	
补连塔	22303	6.8	16150	

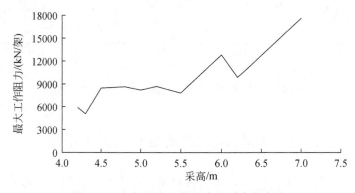

图 3.25　支架最大工作阻力随采高的变化

2. 动载系数随采高变化

动载系数为采场顶板来压时与平时载荷之比，反映顶板结构的稳定性程度。掌握动载系数的变化规律，有助于正确建立顶板结构模型。对国内 11 个大采高工作面动载系数的统计表明，动载系数随采高变化不大，为 1.4 左右，如图 3.26 所示。

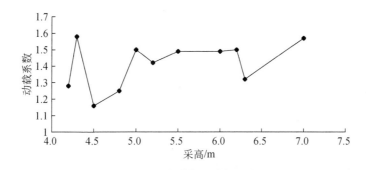

图 3.26　动载系数随采高的变化

这表明，大采高工作面来压的特点主要表现为平时来压也较大，支架工作处于持续较大载荷状态，即支架承受的静态载荷增大，大采高工作面直接顶载荷在支架载荷构成的比例增大。因此大采高工作面顶板结构分析，必须重视直接顶的作用。

3. 来压步距随采高的变化

神府矿区 4～7m 大采高工作面来压步距的统计表明，来压步距主要与顶板构成有关，周期来压步距与采高没有明显关系。初次来压步距一般为 50m 左右；周期来压步距一般为 12～25m，主要分布在 15m 左右。在顶板基岩较厚的工作面，存在大小周期现象（表 3.26）。

表 3.26　4～7m 大采高工作面的来压步距统计

矿名	工作面名称	采高/m	初次来压步距/m	平均周期来压步距/m
大柳塔	1203	4.0	27.0	12.0
大柳塔	20604	4.3	54.2	14.6
补连塔	32206	5.5	55.0	15.2
张家峁	15201	6.0	52.0	15.6
纳林庙	62105	6.3	58.0	12.4
大柳塔	22303	7.0	48.5	小周期 13.5/大周期 23.0

3.5.2　典型浅埋煤层与近浅埋煤层大采高工作面矿压对比

本书整理出 6 个采高 5~7m 的典型浅埋煤层和近浅埋煤层大采高工作面的矿压参数,如表 3.27 所示。

表 3.27　浅埋煤层大采高综采面基本条件对比

矿压参数	典型浅埋煤层			近浅埋煤层		
	哈拉沟	补连塔	张家峁	杭来湾	三道沟	补连塔
工作面	22406	32206	15201	30101	85201	22303
采高/m	5.2	5.5	6.0	5.0	6.5	6.8
埋深/m	116	90	120	230	116~268	179
基岩厚度/m	29~98	50	70	150	53~235	167.8
载荷层厚度/m	26~69	40	50	80	60~90	11.2
非来压时载荷/kN	6860	7708	7844	5904	10296	11790
来压时载荷/kN	10903	10888	10758	大周期 9232 小周期 8452	大周期 13566 小周期 12684	大周期 16150 小周期 15137
动载系数	1.59	1.41	1.37	大周期 1.55 小周期 1.44	大周期 1.31 小周期 1.23	大周期 1.36 小周期 1.28

典型浅埋煤层大采高工作面初次来压步距为 50m 左右;周期来压步距 15m 左右,采高对工作面来压步距的影响不明显。支架工作阻力随采高的增大而增大,支架静载增大,动载系数 1.4 左右。

近浅埋煤层大采高工作面初次来压步距 60m 左右,存在大小周期来压现象。小周期步距 13m 左右,大周期步距 28m 左右,大周期步距约为小周期的 2 倍。大周期压力值约为小周期的 1.13 倍,大周期动载系数为 1.4 左右(图 3.27)。

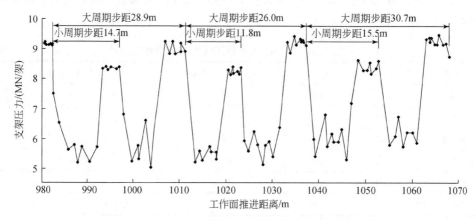

图 3.27　杭来湾 5m 大采高工作面中部支架压力变化曲线

通过对比分析发现，在相近的顶板和采高条件下，具有单一关键层的典型浅埋煤层来压时支架载荷相对较大，来压动载明显，表明典型浅埋煤层单一高位台阶岩梁结构更加不稳定。近浅埋煤层大周期时的来压强度和动载系数与典型浅埋煤层相当。

3.6　本 章 小 结

通过分析不同采高浅埋煤层工作面的矿压实测，掌握了浅埋煤层大采高工作面矿压显现基本规律，主要结论如下。

（1）推进速度对工作面矿压显现有影响，高速推进下，工作阻力并没有增加，工作面台阶下沉减缓，有利于顶板控制和实现高产高效。

（2）近浅埋煤层开采条件下，工作面顶板双关键层分层破断导致大小周期来压。大周期来压时，易发生漏矸冒顶现象。

（3）大采高工作面支架工作阻力普遍大于普通采高工作面，且随采高的增加而增大。这与选择液压支架吨位大，初撑力高有关，也与顶板结构有关。

（4）大采高工作面动载系数不大，工作面平时来压较大，支架工作处于持续较大载荷状态，表明支架承受的直接顶静态载荷比例相对增大，顶板结构呈现新的特点。

第 4 章 大采高工作面等效直接顶与覆岩结构形态模拟

掌握顶板破坏规律与结构特征是建立顶板结构模型和确定合理的支护阻力的前提。由于浅埋煤层大采高工作面一次开采煤层厚度比传统采高成倍增大，实测工作面平时载荷比较大，动载系数不大，顶板静载比例增加，体现了采场直接顶变厚和老顶结构的新变化。

本章基于物理模拟和数值计算，研究大采高工作面覆岩破坏规律，揭示"等效直接顶"和老顶结构特征。根据冒落顶板对采空区的不同充填程度和对顶板结构的影响，提出了等效直接顶分类。然后，分析了等效直接顶"短悬臂梁"、老顶"高位台阶岩梁"结构和双关键层结构特征，为建立大采高工作面顶板结构力学模型提供了依据。

4.1 浅埋煤层大采高工作面覆岩破坏规律

通过采用物理相似模拟实验，模拟 4m、5m、6m 和 7m 不同采高条件下，覆岩垮落规律及顶板周期来压结构的演化规律。

4.1.1 物理模拟实验设计

1. 模拟工作面概况

模型以张家峁煤矿 15201 工作面为背景，工作面倾向长度 260m，煤层倾角 1°~3°，平均埋深 120m，基岩厚度 70m，松散层厚度 50m，基岩厚度变化较小。工作面顶板大部分是泥岩，细砂岩和粉砂岩无规则分布，属不稳定至较稳定型；底板主要是粉砂岩，岩体较完整，属不稳定型至较稳定型。煤系地层物理力学参数见表 4.1。

表 4.1 张家峁煤矿煤岩物理力学参数

序号	岩石名称	厚度 /m	容重 /（kN/m³）	弹性模量 /GPa	泊松比	内摩擦角 /（°）	内聚力 /MPa	抗拉强度 /MPa
1	黄土	8.00	17.0	0.15	0.15	10.00	0.30	0.05
2	红土	42.40	19.0	0.20	0.25	12.00	0.86	0.3

续表

序号	岩石名称	厚度/m	容重/（kN/m³）	弹性模量/GPa	泊松比	内摩擦角/（°）	内聚力/MPa	抗拉强度/MPa
3	泥岩	7.80	24.4	2.46	0.26	30.00	1.20	0.605
4	细砂岩	4.60	25.6	6.54	0.32	41.11	5.01	11
5	粉砂岩	10.62	24.2	4.80	0.29	41.18	4.95	1.8
6	泥岩	5.95	25.2	19.53	0.26	30.00	1.20	0.605
7	细砂岩	4.36	26.0	18.42	0.32	41.11	5.01	11
8	粉砂岩	12.39	24.6	19.76	0.29	41.18	4.95	1.8
9	细砂岩	1.67	24.6	12.13	0.32	41.11	5.01	11
10	泥岩	1.78	24.7	7.81	0.26	30.00	1.20	0.605
11	细砂岩	6.00	24.6	19.41	0.32	41.11	5.01	11
12	泥岩	9.00	24.8	9.29	0.26	30.00	1.20	0.605
13	5^{-2} 煤层	6.10	13.2	4.62	0.29	36.50	4.90	0.403
14	粉砂岩	30.00	24.6	19.76	0.32	41.11	5.00	12

2. 模拟实验设计

为了对比分析基岩组成相同、采高不同情况下的浅埋煤层的覆岩结构，做了两次物理模拟实验。第一次实验针对采高 5m，模拟大采高覆岩垮落过程。第二次实验在同一模型采用变采高方式，模拟 4m、5m、6m 和 7m 采高的顶板周期来压结构演化。

选取几何相似比 1:50。实验在 5m 平面模型架上进行，模拟岩层厚度 97.4m，其余的松散层采用铁砖作为配重模拟。研究采高分别为 4m、5m、6m 和 7m 的覆岩垮落特征。实验相似条件如下：

几何相似条件：$\alpha_l = \dfrac{l_m}{l_p} = \dfrac{1}{50}$。

式中，l_m 为模型尺寸；l_p 为原型尺寸。

容重相似条件：$\alpha_\gamma = \dfrac{\gamma_m}{\gamma_p} = \dfrac{16}{25}$。

式中，γ_m 为模型容重；γ_p 为原型容重。

强度相似条件：$\alpha_R = \alpha_l \alpha_\gamma = \dfrac{1}{78.125}$。

时间相似条件：$\alpha_t = \dfrac{t_m}{t_p} = \sqrt{\alpha_l} = 0.14$。

式中，t_m 为模型时间；t_p 为原型时间。

位移相似条件：$\alpha_s = \alpha_l = \dfrac{1}{50}$。

作用力相似条件：$\alpha_f = \alpha_\gamma a_l^3 = 5.12 \times 10^{-6}$。

4.1.2　浅埋煤层 5m 大采高工作面覆岩破坏规律

1. 直接顶初次垮落

工作面自开切眼推进至 27.3m 时，直接顶出现离层、弯曲下沉。推进到 29m 时，工作面上方直接顶破断，发生初次垮落，垮落厚度 3m，破断角 55°左右，如图 4.1 所示。

图 4.1　推进 29m 直接顶初次垮落

2. 直接顶整体垮落

随着工作面继续推进，直接顶仍有离层、破断现象。直接顶基本在架后垮落，有时架后有悬顶。当工作面推进到 38m 时，煤层顶板上方 5m 厚的岩层有裂隙产生。工作面推进到 42m 时，离层裂隙的高度有所增加。推进到 45.6m 时，直接顶垮落高度达 11m，为采高的 2.2 倍。当工作面推进到 49.6m，直接顶全部垮落。从初次垮落到全部垮落共推进 20.6m，直接顶随开采周期性悬伸，达到极限悬伸距离时破断垮落，表现为直接顶悬臂梁结构破断运动形式，基本上呈厚层垮落的特征，如图 4.2 所示。

3. 老顶初次破断

当工作面推进到 59.5m 时，老顶初次破断来压，在工作面老顶沿架后切落，此时支架压力突然增大，来压后支架压力减小。来压时采空区自由空间高度为 2.5～3.75m，如图 4.3 所示。由此可得，初次来压步距为 59.5m，与现场实测的 54m 基本相符。

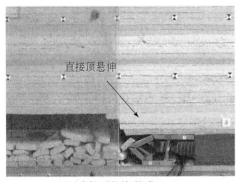

(a) 直接顶悬伸(推进42m)

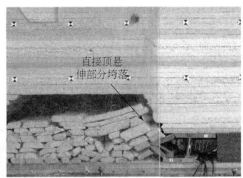

(b) 直接顶悬伸部分垮落(推进45.6m)

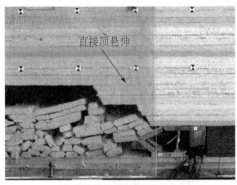

(c) 直接顶悬伸(推进47.6m)

(d) 直接顶悬伸部分垮落(推进49.6m)

图 4.2　直接顶"悬臂梁"结构垮落运动

图 4.3　老顶初次垮落（推进 59.5m）

4. 老顶周期性破断

老顶初次破断后，当工作面推进到 66.6m 时，直接顶悬伸，长 8.25m，厚度为 11m，如图 4.4 所示。工作面推进到 72.5m 时，顶板离层距煤层顶面 29.25m，顶板垮落高度 25m。工作面推进到 77.5m 时，采高 5m 第一次周期来压，来压步距 18m，破断角 75°，如图 4.5 所示。

图 4.4　工作面直接顶悬伸（推进 66.6m）

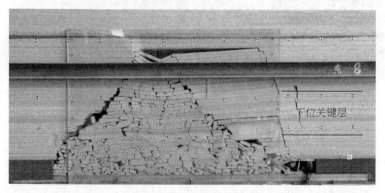

图 4.5　工作面第一次周期来压（推进 77.5m）

工作面推进到 85.3m 时，支架上方厚度 4m 的直接顶离层。工作面推进到 90.4m 时，支架掩护梁上方的直接顶厚层垮落，垮落长度 8m，厚度 9m，支架后方厚层直接顶整体回转下沉。工作面推进到 97.5m 时，老顶第二次周期性破断，破断步距 20m，顶板破断线在支架后方，如图 4.6 所示。

5. 大采高工作面等效直接顶的发现

物理模拟得出，由于采高加大，地质直接顶不能充分充填采空区，大采高工作面的部分地质老顶难以形成铰接结构，也以冒落状态出现，成为冒落带岩层。这部分地质老顶也充当充填采空区的作用，即起直接顶的作用，与地质直接顶统称等效直接顶。

图 4.6　工作面第二次周期来压（推进 90.4m）

随着直接顶的垮落，采空区充填到一定程度，较高层位的老顶能够形成铰接结构，则铰接层以下的岩层都属于等效直接顶。因此，等效直接顶的厚度与老顶破断步距和老顶厚度等结构参数有关，即等效直接顶的厚度是随顶板性质和采高的不同而变化的。大采高等效直接顶厚度大，导致顶板结构铰接层位上升，对支架载荷具有重要影响，分析大采高工作面等效直接顶特性具有重要理论意义。

6. 大采高工作面老顶"高位台阶岩梁"结构

采高增加到 7m 后，直接顶随工作面推进而破断垮落，垮落厚度 10m，直接顶悬伸长度 5～6m，破碎直接顶充填采空区。老顶周期性破断步距 23.5～29m，破断角 60°。老顶破断后，形成"高位台阶岩梁"结构，如图 4.7 所示。

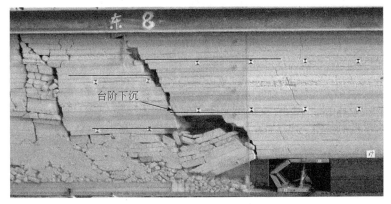

图 4.7　大采高工作面顶板周期来压"高位台阶岩梁"结构

7. 冒落带随采高的变化规律

通过对采高 4～7m 工作面的物理模拟得出，冒落带高度随采高的增加而增大，如图 4.8 所示，即具有直接顶作用的岩层厚度随采高的增大有"变厚"的特点。主要原因是部分地质老顶难以铰接，而呈现冒落状态，转化为等效直接顶。等效直接顶的厚度不仅与采高有关，同时还受下位关键层的控制。模拟得出，采高 4m 时，冒落带高度为 8.8m；采高 5m 时，冒落带高度为 12.5m；采高 6m 时，冒落带高度为 14.3m；采高 7m 时，冒落带高度为 25m。采高为 4～6m 时，冒落带高度为采高的约 2.2～2.5 倍，采高为 7m 时达到 3.5 倍，如表 4.2 所示。这与实测得出的冒落带高度为采高的 2～2.5 倍基本吻合。

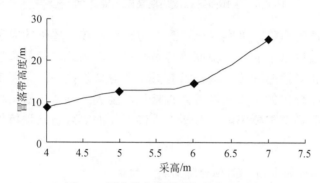

图 4.8　冒落带高度随采高的变化曲线

表 4.2　冒落带高度随采高的变化

采高/m	4	5	6	7
冒落带高度/m	8.75	12.5	14.3	25
冒落带高度/采高	2.2	2.5	2.4	3.5

8. 顶板结构铰接层位上移

大采高工作面一次采出煤层厚度大，采空区自由空间较大，冒落带范围随之增大，因而下位关键层的铰接点明显上移，将在更高的层位形成平衡结构。采高为 4m、5m、6m 和 7m 时，下位关键层铰接点上移规律如图 4.9 和图 4.10 所示。采高为 4m、5m、6m 和 7m 时，下位关键层铰接点距煤层顶部的距离分别为 10m、15m、20m 和 27m。

(a) 采高4m下位键层铰接点位置　　　　　　　(b) 采高5m下位关键层铰接点位置

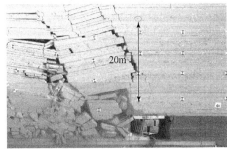
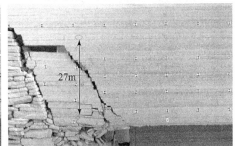

(c) 采高6m下位关键层铰接点位置　　　　　　(d) 采高7m下位关键层铰接点位置

图 4.9　下位关键层铰接点随采高的变化规律

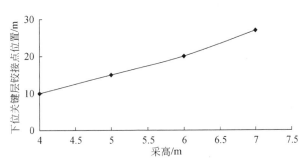

图 4.10　下位关键层铰接点位置随采高的变化

　　由图 4.9 和图 4.10 可知,下位关键层铰接点位置随采高呈加速上升趋势,必然导致大采高采场与普通采高采场顶板结构的不同,等效直接顶对老顶结构和支架载荷将发生重要影响。建立大采高采场顶板结构,并分析其稳定性,成为大采高采场顶板控制的关键。

　　通过 4m、5m、6m 和 7m 四种大采高的模拟,覆岩垮落规律及结构特征总结如下。

　　(1) 初采期间工作面直接顶具有分层垮落特征,正常回采阶段表现为整体垮落。

　　(2) 工作面周期来压步距为 20m 左右,周期来压步距与采高不存在明显的关系。

　　(3) 随采高增加,部分地质老顶岩层转化为等效直接顶,冒落带范围增大,冒落带高度约为采高的 2.2～3.5 倍。

（4）采高增加，等效直接顶变厚，下位关键层铰接点的位置上移，老顶结构形态发生变化。等效直接顶对支架载荷影响增大，是大采高工作面支架静态载荷大的原因。

4.2　大采高工作面等效直接顶的定义与分类

物理模拟发现，浅埋大采高开采条件下，随采高增大，冒落带的范围增大，引起下位关键层铰接点的位置上移。因而提出等效直接顶的概念，等效直接顶的界定范围与传统理论存在差异。本节基于实测与模拟研究，给出了浅埋大采高等效直接顶的定义及分类，分析了等效直接顶的作用，为后续建立浅埋大采高顶板理论奠定基础。

4.2.1　等效直接顶的定义

1. 直接顶的传统定义

《煤矿地质学》对直接顶的描述为：位于伪顶之上，岩性多为粉砂岩或泥岩。厚度为 1～2m，采煤回柱后一般能自行垮落，有的经人工放顶后也较易垮落[20]。

《矿山压力与岩层控制》对直接顶的定义为：一般把位于煤层上方的一层或几层岩性相近的岩层称为直接顶。它通常由具有一定的稳定性且易于随工作面回柱放顶而垮落的页岩、砂页岩或粉砂岩等岩层组成[21]。

2. 大采高工作面等效直接顶的定义

实测和物理相似模拟表明，顶板冒落带高度为采高的 2.0～3.5 倍，多数在 2.5～3.0 倍，即冒落带的厚度在 10～20m，远大于传统意义的直接顶的高度，其影响也大大加强。

大采高开采条件下，由于一次开采煤层厚度大幅增加，地质直接顶远不能充填满采空区，地质老顶分层垮落后，不能形成铰接结构，表现为冒落状态充填采空区，成为等效直接顶的一部分，导致等效直接顶"变厚"。对于大采高工作面顶板控制而言，地质直接顶的定义已经不适用，必须对大采高工作面直接顶重新定义。即老顶铰接层至煤层之间不能形成铰接结构的冒落带岩层称为等效直接顶，如图 4.11 所示[22]。

4.2.2　等效直接顶的分类

物理模拟分析表明，随着采高的增大，大采高工作面上覆岩层中能形成平衡结构的层位上移。由于在大采高条件下垮落的地质直接顶对采空区充填不充分，部分老顶破断后回转角过大，难以形成铰接结构而垮落，成为等效直接顶。这部分地质老顶，在开采过程中经常出现悬顶，形成"短悬臂梁"结构，随着工作面的推进发生垮落，对采空区起到充填作用。显然，不同的等效直接顶，对采空区的充填程度不同，决定着采场顶板结构的形态、稳定性及工作面的来压特征。

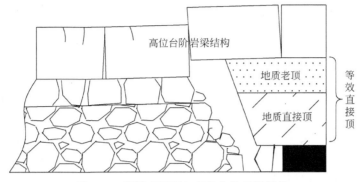

图 4.11　等效直接顶与高位台阶岩梁结构

为了准确建立浅埋煤层大采高顶板结构，根据等效直接顶对采空区的充填程度，可以分为充分充填型和一般充填型[19]，如图 4.12 所示。浅埋煤层采场"台阶岩梁"结构正是一般充填型非充分充填的结果，是浅埋煤层的基本特点。

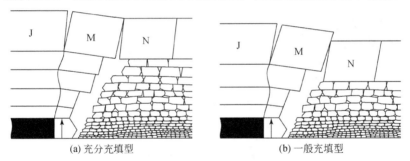

(a) 充分充填型　　　　　　　　　　　(b) 一般充填型

图 4.12　等效直接顶分类

1. 充分充填型

如图 4.12（a）所示，充分充填型等效直接顶厚度较大，其厚度可以根据直接顶的碎胀系数和采高求出，一般为采高的 2.6～3.3 倍。在充分充填条件下，老顶结构回转空间较小，可形成稳定的"高位砌体梁"结构。由于老顶铰接层位离工作面较远，形成的高位砌体梁结构稳定，对工作面形成的载荷较小，而直接顶厚度大且静载所占比例较大，表现为工作面静载大，动载小。

2. 一般充填型

如图 4.12（b）所示，一般充填型等效直接顶厚度适中，一般为采高的 2.0～2.6 倍，是浅埋煤层大采高工作面的常见形态。等效直接顶垮落后不能充满采空区，老顶关键块 M 和 N 出现"台阶下沉"，呈现"台阶岩梁"结构。由于老顶关键层一般按照 70°左右的破断角断裂，形成结构也形象地称为"高位台阶岩梁"结构。这种台阶岩梁结构属于非稳态结构，其对工作面给出的顶板压力要大于稳定砌体梁结构的顶板压力，浅埋煤层大采高工作面支架选型应以此类条件为依据。

3. 等效直接的厚度

浅埋大采高开采条件下，随着采高增大，部分地质老顶成为等效直接顶的一部分，引起老顶结构的变化，从而影响支架工作阻力的确定。等效直接顶的厚度取决于高位台阶岩梁结构的形成条件，与该结构的极限回转量有关。当直接顶充填采空区，剩余的空顶高度小于顶板结构的极限回转量时，顶板可以形成结构，等效直接顶厚度不再发展。

设等效直接顶垮落后与上部老顶关键层的空隙高度（即关键层岩块的可供回转量）为

$$\Delta = m - (K_p - 1)\Sigma h$$

式中，Δ 为关键层岩块的可供回转量，m；m 为采高，m；K_p 为等效直接顶垮落岩块碎胀系数，Σh 为等效直接顶厚度，m。

设老顶砌体梁结构的最大回转量为 $\Delta_{\max}$，台阶岩梁结构的最大回转量为 Δ_t，当 $\Delta < \Delta_{\max}$ 时，老顶可以形成"砌体梁"结构；当 $\Delta < \Delta_t$ 时，老顶可以形成"高位台阶岩梁"结构。则等效直接顶的厚度为

$$\begin{cases} \Sigma h = \dfrac{m - \Delta_{\max}}{K_p - 1} & \text{（砌体梁结构）} \\ \Sigma h = \dfrac{m - \Delta_t}{K_p - 1} & \text{（台阶岩梁结构）} \end{cases} \tag{4.1}$$

直接顶充满采空区时，具有最大高度。考虑不同等效直接顶的碎胀系数，可求出大采高工作面等效直接顶最大厚度为

$$\Sigma h = \frac{m}{K_p - 1} = (3.3 \sim 3.5)\, m \tag{4.2}$$

式中，Σh 为等效直接顶厚度，m；m 为采高，m；K_p 为等效直接顶垮落岩块碎胀系数，大采高工作面一般可取 1.285～1.3。

根据物理模拟，采高大于 5m 后，碎胀系数一般为 1.285，大采高工作面的最大等效直接顶厚度一般可按照采高的 3.5 倍估算，比普通采高工作面统计得出的 3.3 倍略大。

4.3   等效直接顶的应力分布

1.等效直接顶的应力分布

大采高工作面的等效直接顶厚度大，其破断运动必将对工作面支架载荷构成新的影响。通过实测统计，随采高增大，支架载荷总体呈增大趋势，大部分集中于 12000kN/架以内。采用数值计算，揭示直接顶的破坏过程和对工作面的载荷影响。

同一地质条件下，采高的变化将引起冒落带高度和等效直接顶厚度的变化。模拟表明，采高 4m 时，直接顶为拉破断；采高 5m 时，等效直接顶上部出现拉破断，下部出现小范围剪破坏。采高为 6～7m 时，等效直接顶的破坏具有上拉下剪的特征，如图 4.13 所示。

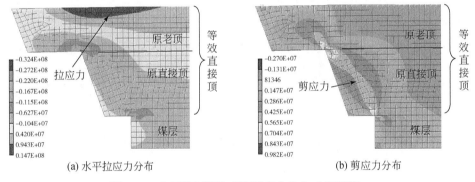

图 4.13   来压期间等效直接顶应力分布（见彩图）

根据分析，大采高工作面等效直接顶表现为上拉、下剪破断形态。等效直接顶较厚，具有一定的承载能力。如果等效直接顶强度低或支护阻力不足，等效直接顶超前破断，厚度较大的等效直接顶自重会引起工作面静载增大。为了防止等效直接顶破坏，要求及时提供足够的支撑力。

2.初撑力的控制作用

模拟表明，若支架能提供足够的初撑力，改善直接顶受力环境，可保持直接顶的承载能力。当初撑力达到一定值（7200kN/架）后，等效直接顶受力环境明显改善。上部拉应力明显减小 [图 4.14（c）]，下部剪应力也明显减小 [图 4.14（d）]。当初撑力从 7200kN/架增加到 9600kN/架时，应力分布改变不大。因此，支架初撑力存在一个合理值，至少应平衡直接顶重量。张家峁煤矿某工作面采高 6m，等效直接顶厚度 20m，直接顶平均悬伸长度 9m，直接顶自重约 7560kN（架宽 1.75m）。工作面实际支架初撑力 7860kN/架，额定工作阻力 12000kN/架，使用效果良好。

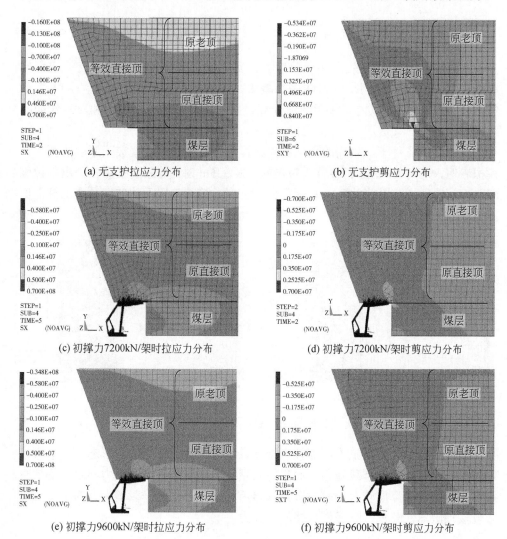

(a) 无支护拉应力分布　　　　　　　　　(b) 无支护剪应力分布

(c) 初撑力7200kN/架时拉应力分布　　　　(d) 初撑力7200kN/架时剪应力分布

(e) 初撑力9600kN/架时拉应力分布　　　　(f) 初撑力9600kN/架时剪应力分布

图 4.14　不同支护阻力应力分布特征（见彩图）

4.4　等效直接顶与支架初撑力

1. 等效直接顶与高位台阶岩梁结构

实测和模拟得出，等效直接顶厚度一般是采高的 2.5～3.5 倍，等效直接顶厚

度较大,破断角一般为 65°左右,等效直接顶破断与老顶结构的形成过程如图 4.15
所示。

在正常回采期间地质直接顶随采随垮,下部地质老顶呈悬臂状态,如图 4.15（a）
所示。来压时,等效直接顶以悬臂梁形态破断冒落,充填采空区。由于等效直接顶
厚度大,导致老顶铰接层位上移,形成“高位台阶岩梁”结构,如图 4.15（b）所示。
如果覆岩厚度较大,随工作面继续推进,在高位台阶岩梁上部的上组老顶,可以
铰接形成“短砌体梁”结构,如图 4.15（c）所示。

(a) 等效直接顶悬臂梁　　　　　　(b) 下组高位台阶岩梁

(c)下组高位台阶岩梁,上组短砌体梁

图 4.15　浅埋煤层大采高工作面顶板结构演化

2. 大采高双关键层结构与大小周期来压

对于基岩较厚的近浅埋煤层,顶板具有两组关键层的顶板。大采高开采时,
上组关键层形成的“砌体梁”结构,下组关键层形成厚等效直接顶之上的“高位
台阶岩梁”结构,形成双关键层结构,如图 4.16 所示。对于神府矿区而言,基岩
厚度在 60m 以上的大部分情况下,顶板都会存在双关键层。因此,大采高工作面
双关键层结构,将导致大小周期来压现象。下组高位台阶岩梁结构运动,导致小
周期来压;上组关键层短砌体梁结构与下组台阶岩梁结构叠合作用,构成大周期
来压。一般大周期来压是小周期来压步距的 2 倍,该现象已经得到神府矿区三道
沟和张家峁等煤矿的大采高工作面实测验证。

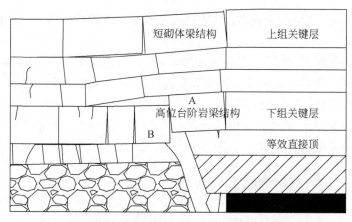

图 4.16　大采高工作面顶板双组结构模型

3. 支架初撑力

大采高支架围岩关系中，支架初撑力的作用是平衡直接顶的载荷，使直接顶保持稳定，限制其与老顶的离层，由此支架初撑力应当大于等效直接顶的重量。由图 4.16，支架初撑力为

$$P_0 \geqslant b\gamma(l_k + \frac{1}{2}\sum h \cot\beta)\sum h \qquad (4.3)$$

式中，P_0 为支架初撑力，kN/架；b 为支架宽度，m；γ 为等效直接顶岩层平均容重，kN/m^3；β 为等效直接顶破断角，一般 60°～70°；l_k 为控顶距，m；$\sum h$ 为等效直接顶厚度，m。

如果 $\gamma=25kN/m^3$，$\sum h = 3.3m$（m 为采高），控顶距 l_k=5m，β=65°，可得

$$P_0 \geqslant (412.5 + 63.5m)\, bm \qquad (4.4)$$

若采高 6.5m、支架宽度 1.75m，计算得出支架初撑力需大于 9387kN/架。若采高 7m、支架宽度 2m，计算得出初撑力需大于 11998kN/架。

榆神矿区某矿 6.5m 大采高工作面，采用 ZY12000/29/65D 液压支架，支架宽度 1.75m，初撑力为 10390kN/架，额定工作阻力为 12000kN/架，工作面顶板控制效果良好。某矿 7m 大采高工作面，采用 ZY16800/32/70 液压支架，初撑力为 13440kN/架，工作阻力达 16800kN/架，实现了对顶板的有效维护和工作面快速推进。实践表明，上述简化计算公式比较可靠。

目前，国内采用的部分大采高液压支架额定工作阻力为初撑力的 1.15～1.36 倍，一般在 1.3 左右，与动载系数相当（表 4.3）。这表明，工作面平时压力主要是直接顶静载，来压动载主要由老顶提供，直接顶静载占来压载荷的 77%。

表 4.3　国内部分大采高支架参数

支架型号	初撑力/（kN/架）	额定工作阻力/（kN/架）	最大支撑高度/mm	中心距离/mm	额定阻力与初撑力之比
ZY8600/22/45	6412	8600	4500	1750	1.34
ZY12000/25/50D	9550	12000	5000	1750	1.26
ZY10800/28/63D	7916	10800	6300	1750	1.36
ZY12000/29/65D	10390	12000	6500	1750	1.15
ZY16800/32/70D	13440	16800	7000	2050	1.25

4.5　浅埋煤层大采高工作面老顶结构数值模拟

通过浅埋煤层大采高综采面矿压显现规律实测分析及顶板覆岩结构的物理模拟，初步掌握浅埋煤层大采高工作面顶板结构特点。本节采用 UDEC 数值模拟软件，对顶板具有单一关键层的典型浅埋煤层和具有双关键层的近浅埋煤层大采高工作面进行模拟，揭示大采高工作面顶板结构和运动特征，为准确建立顶板结构模型提供基础。

4.5.1　数值计算模型

数值计算模型中，典型浅埋煤层顶板结构模拟以张家峁煤矿 15201 工作面地质条件为原型，煤系地层如表 4.4 所示。近浅埋煤层顶板结构模拟以补连塔煤矿 22303 工作面地质条件为原型，煤系地层如表 4.5 所示。模拟工作面开采时覆岩的垮落规律及来压机理与物理模拟进行对比，分析顶板结构形态。

表 4.4　张家峁煤矿煤系地层表

序号	岩石名称	层厚/m	岩性描述
1	黄土	8.00	浅棕黄色，亚黏土及砂土，结构松散，少量钙质结核
2	红土	42.40	棕红色块状亚黏土，钙质结核，底部半固结沙粒岩层
3	泥岩	7.80	紫杂色，团块状，含大量植物化石碎片，易风化破碎
4	粉砂岩	4.09	灰色块状，微波状及水平层理，泥质胶结夹泥岩薄层
5	中砂岩	3.21	灰白色，上部黑色条带，植物碎片，泥钙质胶结
6	4^{-3}煤层	0.50	黑色，块状半暗型，弱沥青光泽，垂直裂隙发育
7	细砂岩	4.60	浅灰色状，微波状及水平层理，钙质结核
8	粉砂岩	10.62	灰色、深灰色，块状，夹细砂岩
9	4^{-4}煤层	0.65	黑色，块状半暗型，沥青光泽，垂直裂隙发育
10	泥岩	5.95	深灰色团块状，大量植物根部化石夹细砂岩及煤线

序号	岩石名称	层厚/m	岩性描述
11	粉砂岩	2.78	灰色，块状，夹细砂岩薄层，水平及微波层理
12	细砂岩	4.36	浅灰色，夹泥岩薄层及黑色条带，长石石英泥钙质胶结
13	粉砂岩	12.39	灰色，厚层状，夹细砂岩及黑色条带，水平层理
14	细砂岩	1.19	深灰色，成分以石英、长石为主，水平及微波层理
15	粉砂岩	1.91	深灰色块状，水平微波层理，夹细砂岩薄层及煤线
16	细砂岩	1.67	灰色，成分以石英、长石为主，水平及微波层理
17	泥岩	1.78	深灰色，块状，含植物化石
18	细砂岩	2.60	浅灰色，成分以石英、长石为主，泥质胶结，层理不明显
19	泥岩	2.80	深灰色，块状，含植物化石碎片
20	5^{-2}煤层	6.10	黑色，块状，暗煤为主，垂直节理裂隙被方解石充填

表 4.5　补连塔煤矿煤系地层表

序号	岩石名称	层厚/m	岩性描述
1	风积沙	8.43	黄色，中细粒砂为主，少量粉砂岩，底部不整合接触
2	粉砂岩	19.43	灰色块状，微波状及水平层理，泥质胶结夹泥岩薄层
3	粗砂岩	6.51	灰白色，主要成分为石英、长石，含岩屑及白云碎片，坚硬，裂隙发育
4	粉砂岩	11.68	灰色块状，微波状及水平层理，泥质胶结夹泥岩薄层
5	泥岩	1.10	紫杂色，团块状，含大量植物化石碎片，容易风化破碎
6	细砂岩	1.00	灰绿色接触泥质胶结含砾石
7	粉砂岩	7.80	灰色块状，微波状及水平层理，泥质胶结夹泥岩薄层
8	细砂岩	6.92	灰白色，以石英、长石为主，以少量暗色矿物，泥质胶结
9	粉砂岩	20.39	灰色块状，微波状及水平层理，泥质胶结夹泥岩薄层
10	粗砂岩	25.48	灰白色，主要成分为石英、长石，含岩屑及白云碎片，坚硬，裂隙发育
11	细砂岩	3.00	灰绿色接触泥质胶结含砾石
12	粉砂岩	4.49	灰色块状，微波状及水平层理，泥质胶结夹泥岩薄层
13	黏土层	0.60	灰白色，以黏土矿物为主
14	粉砂岩	2.40	灰色块状，微波状及水平层理，泥质胶结夹泥岩薄层
15	中砂岩	2.03	灰白色，上部黑色条带，植物碎片，泥钙质胶结
16	砂质泥岩	0.35	灰白色，主要以泥质为主，少量粉砂岩
17	粉砂岩	0.70	灰色块状，微波状及水平层理，泥质胶结夹泥岩薄层
18	粗砂岩	0.60	灰白色，主要成分为石英、长石，含岩屑及白云碎片，坚硬，裂隙发育
19	砂质泥岩	2.29	深灰色，层状结构、块状构造，主要以泥质为主，少量粉砂岩
20	$1^{-2上}$煤层	0.77	黑色，以层状结构、块状构造为主，主要是暗淡型煤，暗淡光泽，性脆

序号	岩石名称	层厚/m	岩性描述
21	细砂岩	1.95	灰绿色接触泥质胶结含砾石
22	$1^{-2\,上}$煤层	5.69	黑色，以层状结构，块状构造为主，主要是暗淡型煤，暗淡光泽，性脆
23	细砂岩	0.84	灰绿色接触泥质胶结含砾石
24	粉砂岩	3.59	灰色，厚层状，夹细砂岩薄层，具有水平及微薄层理
25	粗砂岩	11.83	灰白色，主要成分石英、长石，含岩屑及白云碎片，坚硬，裂隙发育
26	粉砂岩	6.20	灰色块状，微波状及水平层理，泥质胶结夹泥岩薄层
27	中砂岩	2.20	灰绿色接触泥质胶结含砾石
28	粉砂岩	3.19	深灰色块状，微波状及水平层理，夹细砂岩
29	粗砂岩	0.70	灰绿色接触泥质胶结含砾石
30	粉砂岩	1.75	灰色块状，微波状及水平层理，泥质胶结夹泥岩薄层
31	泥岩	0.86	灰色夹灰黑色砂质含量较高，平坦状断口，易碎
32	2^{-2}煤层	8.81	以亮煤为主，贝壳状断口，煤层中垂直裂隙发育

　　由于两组数值模拟所选取的煤层埋藏均较浅，煤层倾角 1°～3°，地质条件简单，所以模型的岩层均水平划分。模型长为 400m，左右两边各留设 100m 的边界煤柱，中间 200m 为开挖部分，高度为煤层底板 30m 到地表的厚度。模型顶部为自由端，两侧施加随深度变化的水平压应力，左右两侧固定其水平位移，底部固定其水平位移和垂直位移，简化为平面应力模型。两个工作面的煤岩物理力学参数见表 4.1 和表 4.6。

表 4.6　补连塔煤矿煤岩物理力学参数

序号	岩石名称	厚度/m	容重/（kN/m³）	弹性模量/GPa	泊松比	内摩擦角/（°）	内聚力/MPa	抗拉强度/MPa
1	风积沙	12	18.5	3	0.27	12	0.4	0.5
2	粉砂岩	20	27.8	38	0.20	43	14	11.2
3	细砂岩	24	26	24	0.24	37	7.6	6.8
4	中砂岩	32	26	25	0.20	42	13.5	6.7
5	粗砂岩	24	27	32	0.22	36	8.5	9.0
6	中砂岩	8	26	20	0.25	35	8.2	5.6
7	粗砂岩	6	27.5	22	0.26	34	6.5	4.5
8	泥岩	12	27.8	12	0.28	32	4.2	3.5
9	粗砂岩	12	27.5	17	0.23	33	10.5	8.4
10	粉砂岩	6	27.8	18	0.22	38	12.2	8.5
11	泥岩	9	24.0	8	0.28	30	3.9	3.5
12	2^{-2}煤层	4～7	13.5	4	0.30	28	2.8	1.8
13	粉砂岩	30	26.2	12	0.26	36	12.7	5.4

为了对比两种浅埋大采高综采面的顶板结构形态，根据该两类地质条件建立两组模拟实验，分别模拟 5m、7m 采高时覆岩的破断垮落规律，得到两种浅埋煤层 5m、7m 大采高工作面顶板结构形态。

4.5.2 典型浅埋煤层顶板结构特征

1.采高 5m 的顶板结构形态

为了消除边界效应，模型左右边界各留设 100m，开挖总长度 200m，模型开切眼 10m。

1）初次来压

自开切眼后随着工作面的推进，直接顶冒落，当工作面推进到 58m 时，老顶破断，工作面初次来压，如图 4.17 所示。直接顶厚度为 13m，为采高的 2.6 倍。直接顶冒落后不能充分充填采空区，老顶关键层回转空间大，关键块 N 出现台阶下沉。在工作面支架左上方老顶关键层形成铰接结构，铰接点距离煤层顶板 23.8m，形成"高位台阶岩梁"顶板结构。

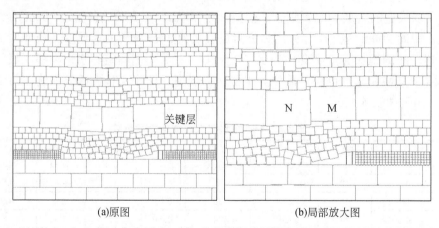

(a)原图　　　　　　　　　　　　(b)局部放大图

图 4.17　采高 5m 工作面初次来压顶板结构形态

2）周期来压

数值计算模型共模拟了 9 次周期来压。当工作面推进到 74m 时，老顶关键层破断回转，出现第一次周期来压，来压步距为 16m。工作面推进到 104m 时，出现第三次周期来压，来压步距为 15m，如图 4.18 所示。

从局部放大图可以看出，直接顶冒落后不能充分充填采空区，老顶关键层回转空间大，关键块 N 出现台阶下沉，形成"高位台阶岩梁"结构［图 4.18（b）］。老顶铰接层位距离煤层顶板 23.5m，比初次来压有所减小，说明周期来压时的台阶下沉量有所增加。工作面支架应具有足够的支护阻力,维持顶板结构稳定。

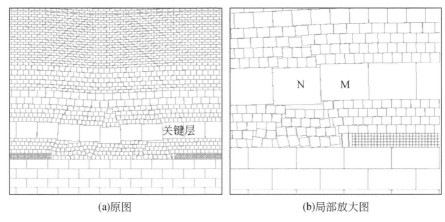

(a)原图　　　　　　　　　　　　　(b)局部放大图

图 4.18　采高 5m 工作面周期来压顶板高位台阶岩梁结构

2. 采高 7m 的顶板结构形态

1）初次来压

自开切眼后随着工作面的推进,直接顶冒落。当工作面推进到 60m 时,老顶初次破断,工作面初次来压,来压步距为 60m,如图 4.19 所示。直接顶厚度为 18m,为采高的 2.57 倍。从局部放大图可以看出,直接顶冒落后不能充分充填采空区,老顶关键层回转空间大,关键块 N 出现台阶下沉,形成"高位台阶岩梁"结构,铰接点距离煤层顶板 28.9m [图 4.19（b）]。

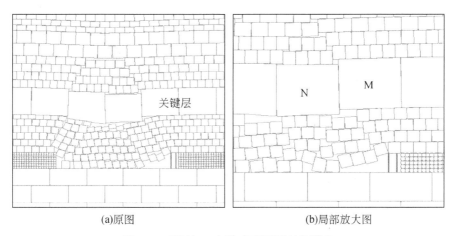

(a)原图　　　　　　　　　　　　　(b)局部放大图

图 4.19　采高 7m 初次来压覆岩结构形态

2）周期来压

本次数值模拟共经历了 7 次周期来压，当工作面推进到 77m 时，老顶关键层破断，工作面出现第一次周期来压，来压步距为 17m。当工作面推进到 110m 时，工作面出现第三次周期来压，来压步距为 15m，如图 4.20 所示。可以看出，直接顶冒落后不能充分充填采空区，老顶关键层回转空间大，关键块 N 出现台阶下沉，工作面覆岩同样形成"高位台阶岩梁"结构。铰接点距离煤层顶板约 28.5m，比初次来压时有所减小，说明周期来压台阶下沉量增加。

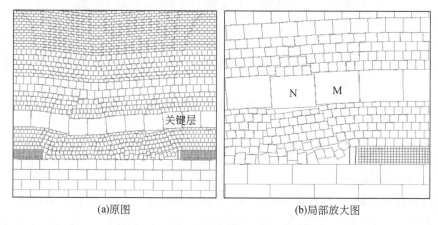

(a)原图　　　　　　　　　　　　　　　(b)局部放大图

图 4.20　采高 7m 周期来压覆岩结构形态

3.典型浅埋煤层顶板破断特征

典型浅埋煤层 5m 和 7m 大采高工作面模拟得出，大采高工作面等效直接顶厚度较大，直接顶不能充分充填采空区，老顶关键层出现台阶下沉，一般形成"高位台阶岩梁"结构。周期来压台阶下沉比初次来压期间的稍大。

4.5.3　近浅埋煤层模拟结果分析

1.5m 采高数值模拟分析

1）初次来压

当工作面推进到 63m 时，工作面初次来压，如图 4.21 所示。直接顶厚度为12m，为采高的 2.4 倍。初次来压时下组关键层破断，上组关键层还未破断。直接顶冒落后不能充分充填采空区，老顶下组关键层出现台阶下沉，形成"高位台阶岩梁"结构，铰接点距离煤层 23.7m。

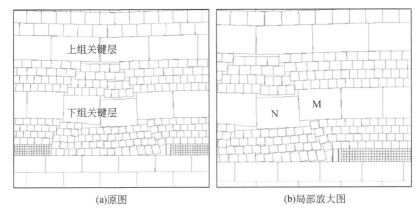

(a)原图　　　　　　　　　　　(b)局部放大图

图 4.21　5m 采高初次来压覆岩形态

2）周期来压

近浅埋煤层采高 5m 工作面模拟了 9 次周期来压。当工作面推进到 81m 时，老顶关键层破断，工作面出现第一次周期来压，来压步距为 18m。当工作面推进到 119m 时，工作面出现第三次周期来压，来压步距为 17m，如图 4.22 所示。周期来压时下组关键层破断，直接顶冒落后不能充分充填采空区，老顶关键层岩块回转空间大，出现台阶下沉，下组关键层形成"高位台阶岩梁"结构。此刻，上组关键层回转空间减小，形成"砌体梁"结构。

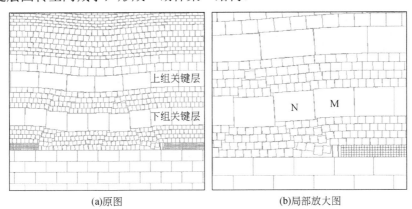

(a)原图　　　　　　　　　　　(b)局部放大图

图 4.22　采高 5m 周期来压顶板双关键层结构形态

下组关键层结构铰接点距离煤层顶板约 23.4m，与初次来压时相比有所减小。

2. 7m 采高数值模拟分析

1）初次来压

近浅埋煤层采高 7m 工作面自开切眼推进到 65m 时，老顶破断，工作面初次来压,如图 4.23 所示。直接顶厚度为 18m,为采高的 2.57 倍。初次来压时,直接顶冒落后不能充分充填采空区,下组老顶关键层回转空间大,出现台阶下沉,形成下组"高位台阶岩梁"结构,接点距离煤层顶板 28.7m。

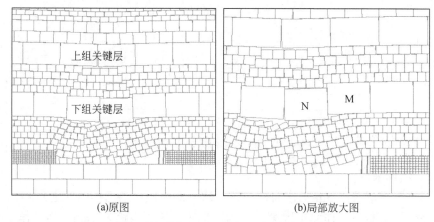

(a)原图　　　　　　　　　　　　(b)局部放大图

图 4.23　采高 7m 初次来压覆岩结构形态

2）周期来压

近浅埋煤层采高 7m 工作面模拟了 7 次周期来压,当工作面推进到 82m 时,工作面出现第一次周期来压,来压步距为 17m。当工作面推进到 123m 时,工作面出现第三次周期来压,来压步距为 19m,如图 4.24 所示。采高 7m 周期来压时,下组关键层破断,直接顶冒落后不能充分充填采空区,老顶出现台阶下沉,形成下组"高位台阶岩梁"结构,铰接点距离煤层顶板约 28.3m,比初次来压台阶下沉稍小。上组关键层回转空间不大,形成上组"砌体梁"结构。

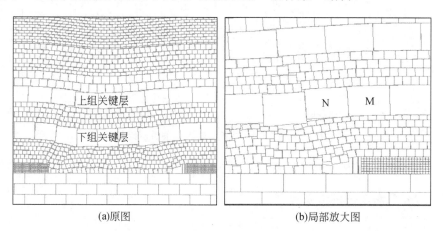

(a)原图　　　　　　　　　　　　(b)局部放大图

图 4.24　采高 7m 周期来压顶板双关键层结构形态

3. 近浅埋煤层顶板双关键层结构特征

从近浅埋煤层 5m、7m 大采高工作面覆岩垮落形态的数值模拟得出，随着采高的增大，等效直接顶厚度有所增加，但由于直接顶不能充分充填采空区，下组关键层回转空间大，出现台阶下沉，下沉量比典型浅埋煤层小，形成下组"高位台阶岩梁"结构。由于两组关键层间夹层的碎胀作用，减小了上组关键层的下沉量，上组关键层形成上组"砌体梁"结构，下组关键层运动导致小周期来压，两组关键层叠合作用导致大周期来压。

4.6 本 章 小 结

本章通过物理模拟，研究了大采高工作面覆岩破坏规律，给出了"等效直接顶"的定义，揭示了大采高工作面的老顶结构特征，主要结论如下。

（1）浅埋煤层大采高工作面随采高加大，下组关键层铰接点上移，冒落带高度增加，直接顶厚度增大，表现为"等效直接顶"。为此，将铰接老顶之下至煤层间的冒落带岩层，起直接顶作用的全部岩层称为等效直接顶。

（2）大采高工作面等效直接顶厚度较大，直接影响支架载荷的大小。表现为正常回采期间，支架载荷持续较大的现象。等效直接顶主要破断形式为上部拉破坏下部剪破坏。厚等效直接顶具有较大的抗剪能力，如果在合理的支护下，直接顶不发生沿煤壁切断，则支架的工作阻力会出现较小的状况。

（3）根据等效直接顶对采空区充填程度，可以分为充分充填型和一般充填型。充分充填条件下形成稳定的砌体梁稳定结构；一般充填型的采空区处于欠充填状态，可形成高位台阶岩梁结构，是浅埋煤层大采高工作面的常见形态，工作面的支架选型主要以此类条件为依据。

（4）对于大多数基岩较厚的浅埋煤层大采高工作面，直接顶主要表现为悬臂梁结构，老顶表现下组"高位台阶岩梁"结构和上组"砌体梁"结构的双关键层结构。上组关键层的破断步距较大，一般为下组关键层的破断步距的 2 倍。工作面会出现大、小周期来压现象。

（5）大采高工作面支架的初撑力应当大于等效直接顶重量，以防止直接顶与老顶离层。初撑力大小主要与采高有关，大采高工作面应当适当提高初撑力的比例。根据理论分析，一般情况下等效直接顶的重量占额定工作阻力的 77%，额定工作阻力约为初撑力的 1.3 倍。

（6）典型浅埋煤层工作面，由于直接顶不能充分充填采空区，老顶关键层岩块回转空间大，出现台阶下沉，形成"高位台阶岩梁"结构。近浅埋煤层工作面，老顶一般形成双关键层结构。由于直接顶不能充分充填采空区，下组关键层形成"高位台阶岩梁"结构，上组关键层岩块回转空间减小，形成"砌体梁"结构。

第5章 大采高工作面顶板结构及支护阻力的确定

采场支护是顶板控制的主要手段，支架的支护阻力参数分为初撑力和额定工作阻力，确定合理的支护阻力是支架选型的重要依据。浅埋大采高工作面顶板结构具有新的形态，支架支护阻力的大小与顶板结构和支护方式有关。本章基于实测和实验，建立浅埋煤层大采高工作面顶板结构模型，得出了工作面合理的支护阻力计算公式，为顶板支护提供了理论依据。

5.1 典型浅埋煤层大采高工作面顶板结构及支护阻力分析

大采高实践中，支架选型时的额定支护阻力不断提高，支护费用直线上升。根据作者多年对浅埋煤层和采场"支架-围岩"关系的研究与认识，支架载荷的大小一方面由顶板压力造成，另一方面则是支架主动支撑引起的，过度的支护将导致支架处于高工作阻力状态，存在"大支架、高阻力"的现象。在当前煤炭价格低迷的背景下，研究大采高工作面合理顶板结构和合理的工作阻力，对实现安全和经济的开采具有重要的理论和实践意义。

5.1.1 大采高工作面顶板"高位台阶岩梁"结构模型

典型浅埋煤层大采高工作面顶板形成单一关键层结构，等效直接顶垮落后对采空区的充填一般不充分（一般充填型），老顶关键块 M 和 N 将出现"台阶下沉"。老顶关键层一般是按照 70°左右断裂，且等效直接顶厚度较大，老顶关键层铰接层位较高，形成的结构可称为"高位斜台阶岩梁"结构，简称"高位台阶岩梁"结构[19]。建立大采高工作面顶板"高位台阶岩梁"结构模型，如图 5.1 所示。

支架应当承受的载荷为

$$P_m = R_1 + W_1 + W_2 \qquad (5.1)$$

式中，R_1、W_1、W_2 都以支架宽度 b 进行计算。

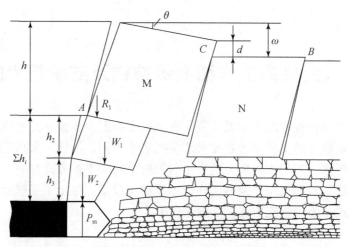

图 5.1　"高位台阶岩梁"结构

h-老顶关键层厚度，m；Σh_i-等效直接顶厚度，m；h_2-等效直接顶"短悬臂梁"厚度，m；h_3-易垮落等效直接顶厚度，m；M、N-老顶结构关键块；R_1-M 岩块对等效直接顶的作用力，kN/架；W_1-等效直接顶形成的"短悬臂梁"自重，kN/架；W_2-易垮落等效直接顶自重，kN/架；P_m-支架承受的载荷，kN/架；A、C、B-关键块铰接点；d-M、N 岩块台阶高度，m；ω-N 岩块回转下沉量，m；θ-M 岩块的回转角，(°)

5.1.2　"高位台阶岩梁"结构力学分析

建立老顶关键层的"高位台阶岩梁"结构力学模型，如图 5.2 所示。结构中 N 关键块完全落在垮落岩石上，M 关键块回转受到 N 关键块在 C 点的支撑。此时，N 关键块基本处于压实状态，可取 $R_N \approx P_2$，$Q_B \approx 0$。

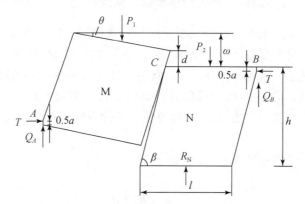

图 5.2　"高位台阶岩梁"结构关键块受力分析

N 关键块的下沉量为

$$\omega = m - (K_p - 1)\Sigma h_i = d + l\sin\theta \tag{5.2}$$

则有

$$d = m - (K_p - 1)\Sigma h_i - l \sin\theta \tag{5.3}$$

式中，m 为采高，m；K_p 为岩石碎胀系数；l 为关键块长度，m。

对 M 关键块 C 铰点力矩取 $\Sigma M_C = 0$，可得

$$T\left[\frac{h}{\sin\beta}\sin(\beta-\theta) - \omega - 0.5a\right] + P_1\left[\frac{l}{2}\cos\theta - d\cot(\beta-\theta)\right]$$
$$-Q_A\left[l\cos\theta + \frac{h}{\sin\beta}\cos(\beta-\theta) - d\cot(\beta-\theta)\right] = 0 \tag{5.4}$$

式中，T 为水平挤压力，kN/m；β 为岩层破断角，(°)；h 为老顶关键层厚度，m；θ 为 M 岩块的回转角，(°)；a 为接触面高度，m；P_1 为 M 岩块自重及承受的载荷，kN/m；Q_A 为 A 接触铰上的剪力，kN/m。

对整个系统垂直力系取 $\Sigma F_y = 0$，可得

$$Q_A + Q_B + R_N - P_1 - P_2 = 0 \tag{5.5}$$

式中，Q_B 为 B 接触铰上的剪力，kN/m；R_N 为 N 岩块的支撑反力，kN/m；P_2 为 N 岩块自重及承受的载荷，kN/m。

由于 $R_N \approx P_2$，$Q_B \approx 0$，由式（5.2）～式（5.5）可得

$$T = \frac{\dfrac{h}{\sin\beta}\cos(\beta-\theta) + \dfrac{l}{2}\cos\theta}{\dfrac{h}{\sin\beta}\sin(\beta-\theta) - \omega - 0.5a} P_1 \tag{5.6}$$

$$Q_A \approx P_1 \tag{5.7}$$

根据顶板结构的 "S-R" 稳定性理论，此结构易发生滑落失稳。防止"高位台阶岩梁"结构滑落失稳的条件为

$$T\tan\varphi + R_1 \geqslant Q_A \tag{5.8}$$

式中，$\tan\varphi$ 为关键块端角摩擦系数，取 0.5；R_1 为维持 M 关键块稳定所需的支撑力，kN/架。

由式（5.6）～式（5.8）可得，维持"高位台阶岩梁"结构稳定所需的支撑力为

$$R_1 = \left[1 - \frac{\dfrac{h}{\sin\beta}\cos(\beta-\theta) + \dfrac{l}{2}\cos\theta}{\dfrac{h}{\sin\beta}\sin(\beta-\theta) - \omega - 0.5a}\tan\varphi\right] P_1 \tag{5.9}$$

一般情况下，M 岩块回转角 $\theta \approx 5°$，岩层破断角 $\beta \approx 70°$，$\tan\varphi = 0.5$，由于铰接挤压面高度较小，可认为 $0.5a = 0$。对于陕北矿区，若取关键块的块度 $i = h/l = 1.0$，

代入式（5.9）可得

$$R_1 = \left[1 - \frac{0.48h}{0.87h - d} \right] P_1 \qquad (5.10)$$

根据物理模拟，"高位台阶岩梁"的台阶高度一般为关键层厚度的 1/5～1/4。若取台阶下沉量 $d = (0.2-0.25)h$，则式（5.10）可简化为

$$R_1 = (0.28\sim0.22) P_1 \qquad (5.11)$$

式（5.11）计算结果比"台阶岩梁"结构得出的 R_1 值小（$i=1$，$\theta=5°$，$R_1=0.38P_1$），说明大采高工作面"高位台阶岩梁"结构占支架载荷比例减小，等效直接顶重量的比例增大。这是大采高工作面支架平时的静载较大、载系数不大和体载荷较大的原因。

式（5.9）中，P_1 由老顶关键层重量 P_G 和载荷层传递的重量 P_Z 组成，即

$$P_1 = P_G + P_Z \qquad (5.12)$$
$$P_G = bhl\rho g \qquad (5.13)$$
$$P_Z = K_G bh_1 l \rho_1 g \qquad (5.14)$$

式中，b 为支架宽度，m；ρg 为基岩平均容重，kN/m^3；K_G（$\leqslant 1$）为载荷传递系数；h_1 为载荷层厚度，m；$\rho_1 g$ 为载荷层平均容重，kN/m^3。

考虑到关键层上载荷层的最大载荷传递状况，按照沙土层载荷传递系数进行计算，取时间因子 $K_t=1$，可得

$$K_G = K_r K_t = \frac{l}{2h_1 \lambda \tan\varphi}$$

式中，K_r 为载荷传递的岩性因子；K_t 为载荷传递的时间因子，取 1；φ 为载荷层内摩擦角，（°）；λ 为载荷层侧应力系数。

由式（5.9）和式（5.12）～式（5.14）可得

$$R_1 = \left[1 - \frac{\dfrac{h}{\sin\beta}\cos(\beta-\theta) + \dfrac{l}{2}\cos\theta}{\dfrac{h}{\sin\beta}\sin(\beta-\theta) - \omega - 0.5a} \tan\varphi \right] (bhl\rho g + K_G bh_1 l \rho_1 g) \qquad (5.15)$$

通过式（5.15）可计算出维持"高位台阶岩梁"结构稳定所需提供的支撑力。

5.1.3　大采高工作面支架额定工作阻力的确定

大采高工作面"高位台阶岩梁"结构的支架载荷计算，如图 5.3 所示。等效直接顶不能形成铰接结构，其重量全部由支架承担。

$$W_1 \approx bl_1 h_2 \rho g \qquad (5.16)$$
$$W_2 \approx b\left(l_k + \frac{1}{2} h_3 \cot\alpha \right) h_3 \rho g \qquad (5.17)$$

式中，W_1 为等效直接顶形成的"短悬臂梁"自重，kN/架；W_2 为易垮落等效直接顶自重，kN/架；b 为支架宽度，m；ρg 为基岩平均容重，kN/m³；l_1 为"短悬臂梁"长度，m；h_2 为"短悬臂梁"厚度，m；l_k 为支架控顶距，m；h_3 为易垮落等效直接顶厚度，m；α 为等效直接顶破断角，(°)。

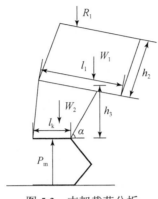

图 5.3　支架载荷分析

由式（5.1）和式（5.15）～式（5.17）可得支架额定工作阻力为

$$P_{\mathrm{m}} = R_1 + W_1 + W_2 = b\left(l_1h_2 + l_kh_3 + \frac{1}{2}h_3^{\,2}\cot\alpha\right)\rho g$$

$$+\left[1 - \frac{\dfrac{h}{\sin\beta}\cos(\beta-\theta) + \dfrac{l}{2}\cos\theta}{\dfrac{h}{\sin\beta}\sin(\beta-\theta) - \omega - 0.5a}\tan\varphi\right](bhl\rho g + K_{\mathrm{G}}bh_1l\rho_1 g) \tag{5.18}$$

由式（5.2）和式（5.18）可得

$$P_{\mathrm{m}} = b\left(l_1h_2 + l_kh_3 + \frac{1}{2}h_3^{\,2}\cot\alpha\right)\rho g$$

$$+\left[1 - \frac{\dfrac{h}{\sin\beta}\cos(\beta-\theta) + \dfrac{l}{2}\cos\theta}{\dfrac{h}{\sin\beta}\sin(\beta-\theta) - m + (K_{\mathrm{p}}-1)\sum h_i - 0.5a}\tan\varphi\right](bhl\rho g + K_{\mathrm{G}}bh_1l\rho_1 g) \tag{5.19}$$

为了简化公式，取岩石碎胀系数 $K_{\mathrm{p}}=1.3$，θ 很小且对计算结果影响不大，取 $\theta=0$；$\tan\varphi = 0.5$；由于铰接点处的挤压面高度较小，可取 $0.5a=0$。则式（5.19）简化为

$$P_{\mathrm{m}} = b\left(l_1 h_2 + l_k h_3 + \frac{1}{2}h_3{}^2 \cot\alpha\right)\rho g + \left[1 - \frac{h\cot\beta + \dfrac{l}{2}}{2\left(h - m + 0.3\sum h_i\right)}\right]\left(bhl\rho g + K_G bh_1 l\rho_1 g\right)$$

$$（5.20）$$

考虑支护效率，则工作面支架的工作阻力为

$$P = \frac{P_{\mathrm{m}}}{\mu}$$

$$（5.21）$$

式中，μ为支架的支护效率，可取 0.9。

5.1.4　大采高工作面支架工作阻力的实例分析

以补连塔煤矿 32206 工作面为例，验证大采高工作面支架工作阻力计算公式的可靠性。该工作面老顶关键层厚度 h=14.5m，基岩平均容重ρg=25kN/m^3，载荷层平均容重$\rho_1 g$=25kN/m^3，关键块长度（平均周期来压步距）l=15.2m，载荷层厚度 h_1=10.2m，等效直接顶厚度$\sum h_i$=14.3m，等效直接顶形成的"短悬臂梁"长度 l_1=6.7m，h_2=12m，h_3=2.3m，采高 m=5.5m。工作面采用 ZY12000/28/63D 型液压支架，支架宽度 b=1.75m，支架控顶距 l_k=4.6m，岩层破断角β=65°，下层等效直接顶破断角α=65°，根据经验取 K_G=0.45。

将以上参数代入式（5.20）和式（5.21），可得工作面支架工作阻力 P=10985kN/架。

同理，可计算出其他大采高工作面支架工作阻力，与实测值进行比较，见表 5.1。

表 5.1　大采高工作面支架工作阻力理论计算值与实测值对比

矿名	工作面	采高/m	平均周期来压步距/m	关键层厚度/m	等效直接顶厚/m	支架宽度/m	理论支架阻力/(kN/架)	实测阻力/(kN/架)	计算误差/%	等效直接顶静载/kN	静载占理论阻力比例/%
大柳塔	20601	4.0	11.1	11.5	10.8	1.75	5695	6000	-5.08	3445	60.5
杭来湾	30101	5.0	16.9	17.0	12.5	1.75	8656	9232	-6.24	5263	60.8
补连塔	32206	5.5	15.2	14.5	14.3	1.75	10985	10888	0.89	6723	61.2
张家峁	15201	6.0	15.6	10.1	15.6	1.75	11030	10758	2.53	6894	62.5
补连塔	22301	6.1	18.0	19.5	16.0	1.75	11158	11426	-2.35	7018	62.9
纳林庙	62105	6.3	12.4	12.0	16.4	1.75	11164	10806	3.31	7089	63.5
补连塔	22303	7.0	17.5	17.0	18.2	2.05	15740	16150	-2.54	10120	64.3

1. 支架载荷构成

由表 5.1 可知，随采高的增大，等效直接顶载荷在支架工作阻力中所占的比例不断增加，而老顶载荷在支架工作阻力中所占的比例减小，即大采高工作面支架平时载荷也比较大，这与实际情况相符。按照大采高"高位台阶岩梁"理论计算，来压期间等效直接顶重量（W_1+W_2）占支架工作阻力的 60%～65%，老顶结构载荷 R_1 占工作阻力的 35%～40%。

根据大采高工作面顶板"高位台阶岩梁"结构力学模型，非来压期间支架阻力为等效直接顶重量（W_1+W_2）与老顶非来压期间的作用力之和。根据实测动载系数平均为 1.4 估算，非来压期间支架载荷为来压期间载荷的 71%。则非来压期间，老顶载荷占支架工作阻力的 9%～18%，等效直接顶载荷占支架工作阻力的 82%～91%，说明平时主要等效直接顶静载为主。来压期间，老顶载荷所占比例增加为 35%～40%，来压期间动载主要是老顶载荷增加造成的。

2. 合理的初撑力与额定工作阻力比值

根据上述分析，大采高工作面支架载荷以等效直接顶静载为主，以老顶的动载为辅，确定合理的支架初撑力时应当注意这种变化。根据顶板岩层控制理论，支架初撑力必须满足防止直接顶与老顶离层，即初撑力必须大于等效直接顶载荷，支架初撑力占额定工作阻力比例应大于 65%，一般可按照非来压时的载荷确定初撑力，即初撑力应大于额定工作阻力的 71%。

3. 支架阻力理论计算与实测对比

不同采高的工作面支架理论工作阻力与实测工作阻力对比，如图 5.4 所示。可见，理论计算值与实测值较为接近，误差在 5%以内。理论计算与实测都表明，大采高工作面"高位台阶岩梁"结构可以作为确定支架额定工作阻力的计算依据。

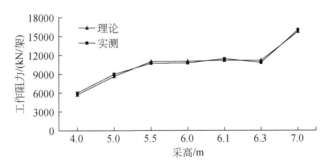

图 5.4   不同采高时支架理论工作阻力与实测工作阻力对比

5.1.5   大采高工作面支架工作阻力影响因素分析

影响支架支护阻力的因素有等效直接顶厚度、基本顶关键块长度及基本顶关键块厚度等，上述参数可以通过物理模拟实验或实测确定。下面以张家峁煤矿

15201 工作面为例，分析支架工作阻力的影响因素。

1. 等效直接顶厚度

工作阻力随等效直接顶厚度的变化情况如图 5.5 所示。等效直接顶一般视为静载施加在支架上，其厚度越大，静载越大，支架的工作阻力随之增加。

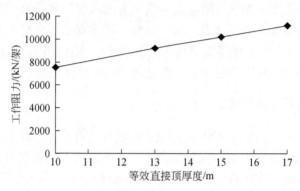

图 5.5　等效直接顶厚度与工作阻力的关系

2. 关键块长度

关键块长度即工作面的来压步距，工作阻力随关键块长度的变化情况如图 5.6 所示。由图可知，关键块越长，工作阻力越大。

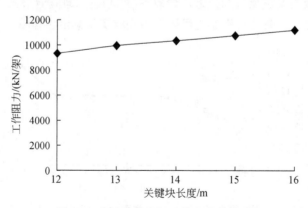

图 5.6　关键块长度与工作阻力的关系

3. 关键块厚度

工作阻力随关键块厚度的变化情况如图 5.7 所示。可见，关键块厚度越大，工作阻力越大。

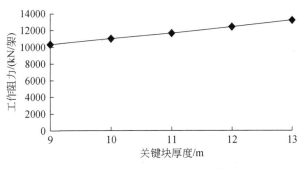

图 5.7　关键块厚度与工作阻力的关系

5.2　近浅埋煤层大采高工作面双关键层结构分析

　　近浅埋煤层大采高工作面顶板存在大小周期来压现象，这种来压现象主要是顶板"双关键层"结构导致的。根据等效直接顶对采空区的充填程度，双关键层顶板结构分为"双砌体梁"结构和"台阶岩梁-砌体梁"结构两类，常见的是"台阶岩梁-砌体梁"双关键层结构。本节建立了双关键层顶板结构模型，揭示了工作面出现大小周期来压的机理，给出了支架初撑力和工作阻力的计算公式，为近浅埋煤层大采高工作面顶板控制提供理论依据。

5.2.1　近浅埋大采高工作面支架载荷特征

　　我国西部普遍赋存浅埋煤层，其中顶板基岩厚度较薄，顶板为单一关键层结构，表现为台阶下沉的浅埋煤层称为典型浅埋煤层。顶板基岩厚度相对较大（一般大于 60m），顶板能形成双关键层结构，表现为大小周期来压，此类浅埋煤层称为近浅埋煤层。

　　自 20 世纪 90 年代初，神东矿区开发以来，国内学者对浅埋煤层顶板结构理论与岩层控制开展了系统研究，掌握了典型浅埋煤层工作面的矿压显现基本规律，提出了初次来压的"非对称三铰拱"结构、周期来压的"短砌体梁"结构和周期来压的"台阶岩梁"结构，以及松散层载荷传递等代表性成果，基本解决了典型浅埋煤层顶板控制理论问题。

　　随着开采的发展，一方面采高不断加大，另一方面大部分工作面顶板基岩厚度大于 60m，存在双关键层，属于近浅埋煤层开采范畴。通过总结近浅埋煤层大采高工作面的矿压显现规律，有助于正确建立采场顶板结构模型。

1. 支架平时载荷大，直接顶静载比例增大

根据 6 个近浅埋大采高工作面实测统计，大采高工作面支架工作阻力普遍大于普通采高工作面（4000～6000kN/架），支架初撑力也较大，且随采高增加而增大（表 5.2）。

工作面来压特点主要表现为平时来压较大，支架处于持续较大载荷状态，表明支架承受较大的（直接顶）静态载荷。大采高工作面支护设计应考虑支架的这种工作状态，顶板结构分析必须重视直接顶的影响和作用。

表 5.2　近浅埋煤层不同采高工作面工作阻力

矿名	工作面	采高/m	埋深/m	支架型号	支架宽度/m	初撑力/(kN/架)	工作阻力/(kN/架)	初撑力占工作阻力/%
榆树湾	20102	5.0	230	DBT 二柱掩护式	1.75	5890	8084	72.86
张家峁	15206	6.0	80～202	ZY12000/28/63D	1.75	7916	10750	73.64
纳林庙	62105	6.3	169	ZY13000/28/63D	1.75	8728	10806	80.77
三道沟	85201	6.5	116～268	ZY18000/32/70D	2.05	12364	14523	85.13
补连塔	22303	6.8	179	ZY16800/32/70D	2.05	12370	16050	77.17
大柳塔	52304	7.0	200	ZY16800/32/70D	2.05	11500	17403	66.08

2. 支架初撑力和工作阻力随采高的增大而增大

随着采高的增加，采场上覆岩层结构发生了较大变化，工作面工作阻力也随之变化。对 13 个大采高工作面工作阻力统计如图 5.8 所示，采高为 4.0m、5.0m、6.0m 和 7.0m 时，支架初撑力平均为 4600kN/架、5900kN/架、7900kN/架和 10100kN/架；支架工作阻力平均为 5900kN/架、8100kN/架、10700kN/架和 15200kN/架。随着采高的加大工作阻力有增加的趋势，特别是当采高大于 5.5m 后，工作阻力迅速上升。据统计，支架实际达到的初撑力一般占工作阻力的 65%～80%，平均为 75%。

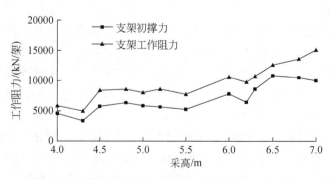

图 5.8　工作阻力随采高的变化（折算架宽 1.75m）

3. 支架载荷变化规律与双关键层特征

工作面支架载荷随推进的变化曲线能直观反映顶板来压过程，对分析顶板结构运动具有重要意义。根据实测统计，近浅埋煤层大采高综采工作面顶板来压呈一大一小的周期性变化，大周期来压时动载较明显，容易造成压架事故。大周期来压步距一般为小周期来压步距的 2 倍，大周期来压载荷为小周期的 1.3 倍。图 5.9 为某 6 m 大采高工作面中部 78# 支架载荷变化规律，体现了明显的大小周期来压特征。

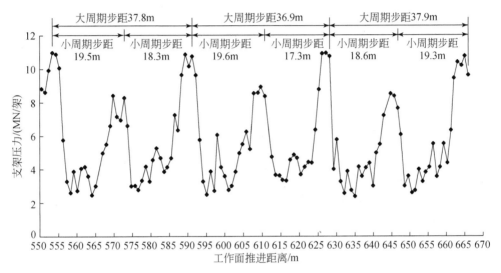

图 5.9　近浅埋煤层工作面双关键层顶板大小周期来压规律

形成大小周期来压的原因主要是基岩顶板垮落过程可以形成双关键层结构。根据覆岩条件的不同，直接顶厚度约占采高的 2～3 倍，每组关键层厚度（铰接结构层）约为采高的 3～5 倍，则当基岩厚度为采高的 8～13 倍，就可能形成两组关键层。这一现象在 1997 年活鸡兔煤矿首采面模拟中也曾被发现，该工作面基岩厚度约 60m，采高为 4m，基岩厚度为采高的 15 倍，垮落顶板形成双关键层结构。下组关键层厚度约 20m，破断顶板形成强裂隙带，导致小周期来压；上组关键层厚度约 30m，破断形成弱裂隙带，导致大周期来压（图 5.10）。

5.2.2　近浅埋大采高工作面顶板结构形态

1. 等效直接顶及其厚度

随着采高的加大，大采高工作面顶板冒落带变厚，等效于"直接顶"的顶板岩层厚度加大，表现为"等效直接顶"。因此，将煤层至铰接老顶岩层之间，不能形成结构的冒落带岩层统称为等效直接顶。物理相似模拟得出，采高为 4m、5m、6m 和 7m 时，等效直接顶厚度为 10m、15m、21m 和 26m，分别为采高的 2.5 倍、3.0 倍、3.5 倍和 3.7 倍，如图 5.11 所示。可见，等效直接顶厚度与采高呈近似线性增加，为采高的 2.5~3.7 倍，平均 3.2 倍。按照碎胀系数 1.3 计算，得出的是 3.3 倍采高，两者基本吻合。

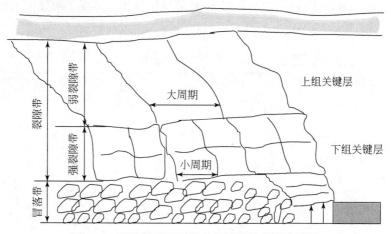

图 5.10　近浅埋煤层顶板双关键层结构形态素描

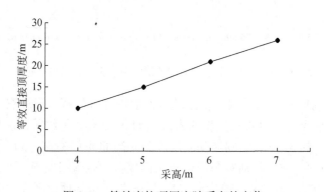

图 5.11　等效直接顶厚度随采高的变化

2. 等效直接顶载荷与支架初撑力

随着采高的加大，顶板冒落范围增大，大采高工作面等效直接顶变厚，难以随支架前移及时破断，垮落具有一定的滞后性，呈"短悬臂梁"形式存在，使得大采高工作面支架所承担的直接顶静载比普通采高的大，这是大采高工作面平时压力大的原因之一。

等效直接顶厚度对采场顶板结构的形成具有直接影响。随着等效直接顶厚度的增加，覆岩裂隙带向上转移，基本顶铰接结构也上移，因此工作面支架平时主要承受较厚的等效直接顶静载，基本顶结构动载参与较少，导致支架平时载荷较大，动载较缓和。

在大采高采场顶板控制时，支架通过等效直接顶向上覆岩层提供支护力，因此对等效直接顶的控制是最基本的。数值计算表明，提供一定的支护阻力后，等效直接顶和煤壁受力环境明显改善。若支架能提供足够的初撑力，可保持等效直接顶的自承能力，提高顶板结构自稳性，减轻支架压力。因此，支架的初撑力至少应大于等效直接顶重量。

3. 工作面顶板结构分类

等效直接顶垮落后对采空区的充填程度不同，基本顶破断岩块回转空间不同，将形成不同的顶板结构。通过物理相似模拟得出，按照等效直接顶对采空区的充填程度，顶板可形成两类双关键层结构，即"双砌体梁"结构和"高位台阶岩梁-砌体梁"结构，如图 5.12 所示。

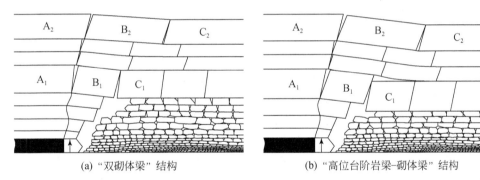

(a) "双砌体梁" 结构　　　　　　(b) "高位台阶岩梁-砌体梁" 结构

图 5.12　工作面顶板双关键层结构

（1）"双砌体梁"结构。此类顶板的等效直接顶厚度较大，一般为采高的 3.3～3.7 倍。等效直接顶垮落后对采空区的充填较充分，下组关键层的关键块回转空间小，可形成稳定的"高位砌体梁"结构。在近浅埋煤层双关键层条件下，表现为"双砌体梁"结构形态。由于砌体梁结构稳定，此类结构的工作面来压表现为静载大，动载小。

（2）"高位台阶岩梁-砌体梁"结构。当等效直接顶厚度相对较小（小于采高的 3.0 倍），垮落顶板不能充满采空区，这是大部分近浅埋煤层大采高工作面的常见状况。在此条件下，下组关键层结构的关键块 B_1 和 C_1 出现"台阶下沉"，形成"高位台阶岩梁"结构；上组关键层结构受下组关键层结构的充填，回转空间变小，岩块回转角较小，将形成"砌体梁"结构，即近浅埋煤层大采高工作面顶板"高位台阶岩梁-砌体梁"双关键层结构。此结构中，支架不仅承受等效直接顶的静载，还要承受"高位台阶岩梁"非稳态结构的动载，来压时支架载荷相对较大，近浅埋煤层大采高工作面支架选型以此类结构为依据。

4. 构成"双关键层"效应的关键层间距

两组关键层的间距在一定范围内时，才能产生相互影响，形成"双关键层"结构。可构成相互影响的双关键层间距与岩层破断角和周期来压步距有关，计算公式为

$$h_j \leq L_1 \tan \beta \tag{5.22}$$

式中，h_j 为关键层间距，m；L_1 为下组关键块 B_1 长度（来压步距），m；β 为岩层破断角，（°）。

根据陕北近浅埋煤层大采高工作面条件，下组关键层常见的周期来压步距为 15m 左右，岩层破断角按 70° 计算，当两组关键层间距小于 41m 时，上组关键块 B_2 对下组关键层结构及其稳定性构成影响，产生"双关键层"顶板结构效应。

5. 双关键层结构的大小周期来压机理

近浅埋煤层大采高工作面"高位台阶岩梁-砌体梁"双关键层结构，上组关键层破断步距较大，一般为下组关键层破断步距的 2 倍。

大周期来压：当上、下两组关键层同时破断叠合运动，上组关键层结构失稳，载荷作用于下组关键块 B_1 上，双关键层结构容易滑落失稳（切落），此刻工作面支护处于最危险状态。

小周期来压：当下组关键层破断，而上组关键层未破断时，上、下组关键层将形成离层。上组关键层结构阻隔了覆岩载荷传递，下组关键层处于上组关键层结构的"保护"之下，下组关键块 B_1 的载荷只是自重和上覆夹层重量，此时工作面支架载荷较小，形成小周期来压。

5.2.3 近浅埋顶板"双关键层"结构稳定性分析

1. 双关键层大周期来压顶板结构分析

在近浅埋煤层大采高条件下，随着工作面的推进，下组关键层先破断，形成小周期来压。当工作面继续推进，上下双关键层同步破断，形成大周期来压，其结构形态如图 5.13 所示。

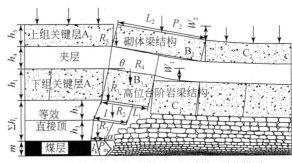

(a) "双关键层" 结构物理模拟照片　　　　(b) "高位台阶岩梁–砌体梁" 双关键层结构模型

图 5.13　"双关键层" 大周期来压结构模型

m-采高，m；Σh_i-等效直接顶厚度，m；h_1-下组关键层厚度，m；h_2-等效直接顶 "短悬臂梁" 厚度，m；h_3-易垮落等效直接顶厚度，m；h_4-两组关键层夹层厚度，m；h_5-上组关键层厚度，m；R_1-关键块 B_1 对等效直接顶的作用力，kN/架；R_2-等效直接顶 "短悬臂梁" 自重，kN/架；R_3-易垮落等效直接顶自重，kN/架；R_4-关键块 B_1 自重与其覆载之和，kN/架；R_5-关键块 B_2 向下的作用力，kN/架；P_2-关键块 B_2 自重与其覆载之和，kN/架；P_m-支架载荷，kN/架；L_1-关键块 B_1 长度，m；L_2-关键块 B_2 长度，m；l- "短悬臂梁" 长度，m；l_k-支架控顶距，m；W_1-关键块 C_1 回转下沉量，m；W_2-关键块 C_2 回转下沉量，m；θ-关键块 B_1 回转角，(°)；α-等效直接顶破断角，(°)

如图 5.13 所示，支架载荷主要由等效直接顶自重和下组 "高位台阶岩梁" 结构失稳载荷组成。下组 "高位台阶岩梁" 的覆载为上组关键层结构传递的失稳载荷，上组关键层的作用是通过其失稳载荷影响下组关键层结构稳定性来体现的。支架承受的载荷为

$$P_m = R_1 + R_2 + R_3 \qquad (5.23)$$

式中，R_1、R_2、R_3 都以支架宽度 b 进行计算。

根据 5.1 节中的 "高位台阶岩梁" 结构分析，关键块 B_1 前铰点向下传递的载荷为

$$R_1 = \left[1 - \frac{\dfrac{h_1}{\sin\beta}\cos(\beta-\theta) + \dfrac{L_1}{2}\cos\theta}{\dfrac{h_1}{\sin\beta}\sin(\beta-\theta) - W_1 - 0.5a}\tan\varphi \right] P_1 \qquad (5.24)$$

根据图 5.13，等效直接顶部分 R_2、R_3 分别为

$$R_2 \approx blh_2\gamma \qquad (5.25)$$

$$R_3 \approx \left(l_k + \frac{1}{2}h_3\cot\alpha \right) bh_3\gamma \qquad (5.26)$$

式中，a 为接触面高度，m；P_1 为下组关键块 B_1 自重及承受的载荷，kN/架；$\tan\varphi$ 为关键块端角摩擦系数；b 为支架宽度，m；γ 为基岩平均容重，kN/m³。

式（5.24）中，载荷 P_1 的确定与 5.1 节中的式（5.15）不同。由于两组关键层同步破断，上组关键层结构失稳载荷和夹层自重将同时施加到下组关键层结构，载荷 P_1 包括下组关键块 B_1 自重和两组关键层夹层重量之和（R_4）及 "上位砌体

梁"结构关键块 B_2 对夹层的作用力（R_5）。

下组关键块 B_1 自重和夹层重量为

$$R_4 \approx \left(h_1 + h_4\right)bL_1\gamma \tag{5.27}$$

根据砌体梁结构关键块理论，可求出上组关键块 B_2 传递的作用力为

$$R_5 = \left[2 + \frac{L_2\cot\left(\varphi+\beta-\theta\right)}{2\left(h_5-W_2\right)}\right]P_2 \tag{5.28}$$

式中，φ 为岩块间摩擦角，（°）；P_2 可根据式（5.12）相同的方法进行确定。

由式（5.27）和式（5.28）可得，B_1 自重及承受的载荷为

$$P_1 = R_4 + R_5 = \left(h_1+h_4\right)bL_1\gamma + \left[2 + \frac{L_2\cot\left(\varphi+\beta-\theta\right)}{2\left(h_5-W_2\right)}\right]P_2 \tag{5.29}$$

由式（5.23）～式（5.26）和式（5.29）可得，控制双关键层大周期来压的支架工作阻力为

$$P_{\max} = R_1 + R_2 + R_3 = \left(lh_2 + l_kh_3 + \frac{1}{2}h_3^{\,2}\cot\alpha\right)b\gamma$$

$$+ \left[1 - \frac{\dfrac{h_1}{\sin\beta}\cos\left(\beta-\theta\right)+\dfrac{L_1}{2}\cos\theta}{\dfrac{h_1}{\sin\beta}\sin\left(\beta-\theta\right)-W_1-0.5a}\tan\varphi\right]\left[\left(h_1+h_4\right)bL_1\gamma + 2P_2 + \frac{L_2\cot\left(\varphi+\beta-\theta\right)}{2\left(h_5-W_2\right)}P_2\right]$$

$$\tag{5.30}$$

2. 下组关键层小周期来压顶板结构分析

当"双关键层"结构中，下组关键层破断而上组关键层破断滞后时，上、下关键层形成离层，阻隔了上部载荷的传递（图 5.14）。此时，工作面支架载荷主要取决于下组关键层结构自身的稳定性，来压步距和压力较小，形成小周期来压。

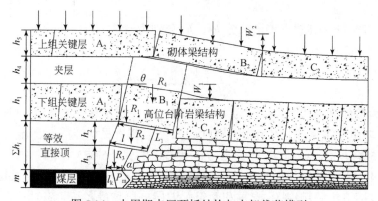

图 5.14　小周期来压顶板结构与支架载荷模型

通过上述分析可知，"上位砌体梁"结构关键块 B_2 对夹层没有作用力，下组关键块 B_1 的上覆载荷仅为两组关键层夹层的重量，此时有

$$P_1 = R_4 \approx \left(h_1 + h_4\right)bL_1\gamma \tag{5.31}$$

由式（5.23）～式（5.26）和式（5.31）可得，控制顶板下组关键层小周期来压所需的支架工作阻力为

$$P_{\min} = R_1 + R_2 + R_3 = \left(lh_2 + l_k h_3 + \frac{1}{2}h_3{}^2\cot\alpha\right)b\gamma$$
$$+ \left[1 - \frac{\dfrac{h_1}{\sin\beta}\cos\left(\beta - \theta\right) + \dfrac{L_1}{2}\cos\theta}{\dfrac{h_1}{\sin\beta}\sin\left(\beta - \theta\right) - W_1 - 0.5a}\tan\varphi\right]\left(h_1 + h_4\right)bL_1\gamma \tag{5.32}$$

5.2.4　支架合理支护阻力的确定

1. 初撑力的确定

实测表明，大采高工作面支架初撑力普遍较大。如果初撑力不足，容易造成片帮冒顶等事故，而初撑力过度则会导致工作阻力增加过快，容易造成过载。因此，确定合理的支架初撑力十分重要。大采高工作面等效直接顶厚度大，就顶板支护而言，支架的初撑力至少需满足平衡等效直接顶静载，考虑到支护效率及安全，可以留有一定的富余系数。

由式（5.25）和式（5.26）可得，支架的初撑力为

$$P_{初撑} = K\left(R_2 + R_3\right) = K\left(lh_2 + l_k h_3 + \frac{1}{2}h_3{}^2\cot\alpha\right)b\gamma \tag{5.33}$$

式中，K 为富余系数，可取 1.1～1.2。

2. 支架工作阻力确定

近浅埋煤层工作面顶板双关键层同步破断时，支架载荷较大，形成大周期来压。上组关键层滞后下组关键层破断时，支架载荷较小，形成小周期来压。因此，支架选型设计应以控制大周期来压为准。

根据"台阶岩梁"结构理论[13]，关键块 C_1 和 C_2 回转下沉量为 $W_1 \approx W_2 = m -$（$K_p - 1$）$\sum h_i$，岩石碎胀系数 $K_p = 1.3$，θ 很小可忽略不计，$\tan\varphi = 0.5$[8]，取 $0.5a = 0$。代入式（5.30），大周期来压时支架工作阻力应为

$$P_{max} = \left(l h_2 + l_k h_3 + \frac{1}{2} h_3^2 \cot\alpha \right) b\gamma + \left[1 - \frac{h_1 \cot\beta + \frac{L_1}{2}}{2(h_1 - m + 0.3\sum h_i)} \right] \tag{5.34}$$

$$\times \left[(h_1 + h_4) b L_1 \gamma + 2P_2 + \frac{L_2 \cot(\varphi + \beta)}{2(h_5 - m + 0.3\sum h_i)} P_2 \right]$$

考虑支护效率，则合理的支架工作阻力为

$$P_S = \frac{P_{max}}{\mu} \tag{5.35}$$

式中，μ为支架的支护效率，可取 0.9。

3. 实例分析

以神东补连塔煤矿 22303 工作面双关键层顶板为例，进行双关键层结构大小周期来压的支架工作阻力计算。该工作面采高 m=6.8m，基岩平均容重取 γ=25kN/m³，下组关键块长度（小周期来压步距）L_1=13.2m，上组关键块长度（大周期来压步距）L_2=26.0m，等效直接顶厚度 $\sum h_i$=17.3m，等效直接顶"短悬臂梁"长度 l=11.8m，h_1=10.2m，h_2=14m，h_3=3.3m，h_4=4.6m，h_5=8.7m，P_2=4052kN/架。工作面采用郑煤 ZY16800/32/70D 型液压支架，支架宽度 b=2.05m，支架控顶距 l_k=6.62m。岩层破断角 β=65°，岩块间摩擦角 φ=27°，富余系数 K=1.2，下层等效直接顶破断角 α=60°。

将以上参数代入式（5.33）～式（5.35），得出支架初撑力为 11696kN/架，工作阻力为 17560kN/架。现场采用支架的额定工作阻力为 16800kN/架，支护实践表明在部分区域支架阻力略显不足，理论计算与现场实际基本吻合。

5.3　本　章　小　结

本章结合实测与物理模拟，对典型浅埋煤层大采高工作面及近浅埋煤层大采高工作面顶板结构进行分析，得出了支架合理支护阻力的确定方法，主要结论如下。

（1）根据对采空区的充填程度，分为充分充填型和一般充填型。一般充填型为常见类型，大采高工作面顶板控制应根据此类条件进行分析。

（2）大采高工作面采空区一般充填条件下，形成顶板"高位台阶岩梁"结构。计算得出，大采高工作面等效直接顶静载所占比例较高，周期来压期间老顶动载所占支架载荷比例为 35%～40%，等效直接顶静载所占比例为 60%～65%，动载系数一般在 1.4 左右。

（3）大采高工作面应保持合理的支架初撑力，初撑力以控制直接顶载荷为依据，合理的初撑力应当大于额定工作阻力的 65%～71%。

（4）近浅埋煤层大采高工作面支架载荷随采高的增大而增大，支架初撑力为工作阻力的 75%，工作面存在大小周期来压，大周期来压步距约为小周期来压步距的 2 倍。

（5）根据等效直接顶对采空区的充填程度，顶板双关键层结构分为"双砌体梁"结构和"高位台阶岩梁–砌体梁"结构两类。"高位台阶岩梁–砌体梁"结构压力较大，是近浅埋煤层工作面顶板结构常见的形态，支架工作阻力计算以此结构为依据。

（6）"双关键层"结构中，下组"高位台阶岩梁"结构失稳形成小周期来压，上下两组关键层结构叠合失稳引起大周期来压。大周期来压步距大，来压强度大，是工作面最危险的状态。工作面支架额定工作阻力的设计，应当按照大周期来压顶板结构模型进行计算。

第 6 章　大采高工作面煤壁片帮控制

大采高综采具有生产能力大、资源回收率高等突出优点，是我国西部矿区厚煤层开采的主要手段。然而，随着采高增加，煤壁片帮问题日益突出，成为制约煤矿安全高效开采的难题之一。本章采用 UDEC 软件模拟了浅埋煤层 4～7m 大采高工作面煤壁变形与片帮过程，建立了煤壁片帮的柱条模型，得出了大采高工作面煤壁最容易发生片帮的部位在 0.6 倍的采高处。研究表明，随着采高的增大，塑性区宽度增加，煤壁柱条增多，柱条水平位移增大，柱条稳定性降低。基于模拟实验及理论分析，归纳相关工程实例的煤壁片帮现象与防治措施，提出了煤壁片帮的控制技术。

6.1　煤壁片帮基本特征

1. 煤体的应力分布规律

以补连塔煤矿 22303 工作面为背景，该矿 2^{-2} 煤层平均厚度 7.55m，为中硬煤层（f=2.0），煤层倾角 1°～3°，上覆岩层平均厚度 180m，煤层顶底板岩性及力学参数如表 4.6 所示。采用 UDEC 软件进行计算，模型尺寸为 400m×200m，煤层单元采用 0.5m×0.5m，直接顶单元采用 2m×1.5m，基本顶单元采用 4m×2m，其中关键层单元采用 6m×3m（图 6.1），分别模拟 4m、5m、6m 和 7m 这 4 种不同采高，揭示片帮的主要特征。

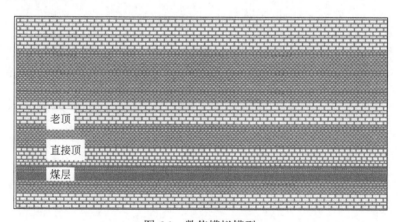

老顶

直接顶

煤层

图 6.1　数值模拟模型

　　不同采高的工作面前方煤体应力分布如图 6.2 所示。随着采高由 4m 增大到 7m,应力峰值点与煤壁的水平距离增大,近似为采高的 2 倍。应力峰值降低 15%,下降幅度不大。随着采高的增大,峰值前的煤体塑性区宽度呈近似线性增大,说明采高增大片帮加剧与煤体塑性区增大有关(图 6.3)。

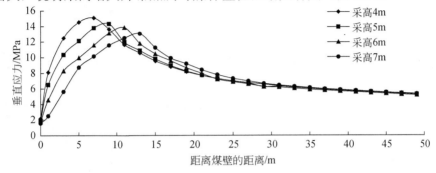

图 6.2　不同采高条件下超前支承压力分布曲线

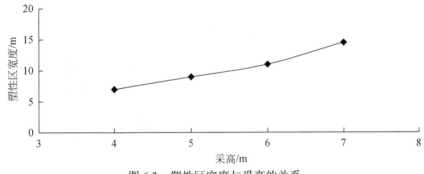

图 6.3　塑性区宽度与采高的关系

2. 煤体破坏区和水平位移规律

　　煤壁的塑性区与水平位移如图 6.4 和图 6.5 所示。随着采高从 4m 增加到 7m,煤壁破坏区增大,破坏程度加剧。采高大于 6m 时,煤壁水平位移增大了 2 倍,片帮可能性大大增加。

3. 煤壁片帮的“柱条”特征

　　采高从 4m 增加到 6m 时,煤壁中上部的垂直应力均小于煤壁上部和下部的垂直应力,表现出中部挠曲压力释放特征。采高增大到 7m 时,煤壁的变形破坏表现出明显的“柱条”特征,如图 6.4(d)所示。此刻,煤壁应力骤减,且小于原岩应力,说明大采高煤壁“柱条”挠曲屈服。采高 4m、5m、6m 和 7m 这 4 种大采高模型的煤壁最大位移或片帮的部位均位于煤壁的中上部(图 6.5),进一步印证了"柱条"挠曲变形特征，说明大采片帮可采用"柱条模型"分析。

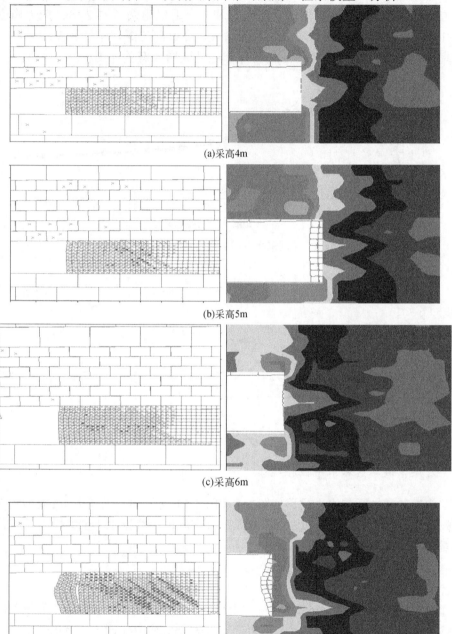

(a)采高4m

(b)采高5m

(c)采高6m

(d)采高7m

图 6.4　煤壁柱条的形成（见彩图）

各分图左侧为塑性区及水平位移图，右侧为垂直应力图

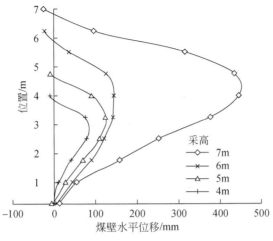

图 6.5　不同采高煤壁水平位移量

6.2　煤壁应力场及片帮过程分析

1. 煤壁片帮的影响因素

煤壁片帮是煤壁在顶板压力作用下破坏滑塌的一种矿压现象，本质上是煤壁应力达到屈服极限时引起的塑性变形或断裂。影响因素主要有采高、煤体强度、支护阻力和煤壁应力分布。众多因素之中，导致煤壁片帮的主要因素是煤壁的应力分布与煤壁结构强度，它们决定了煤壁的稳定性与片帮形态。

2. 煤壁应力分布

受采动影响，工作面前方会出现大于原岩应力的超前支承压力，煤体的破坏与煤体的承载能力和支承压力有关。根据工作面前方煤体受力特征将其分为 3 个区(图 6.6)。

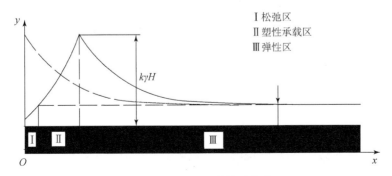

图 6.6　工作面前方煤体受力分区

（1）松弛区。该区域内煤体已经松动或垮塌，承载能力下降，其应力低于原岩应力。

（2）塑性承载区。该区域内煤体具有一定的承载能力，其应力高于原岩应力。

（3）弹性区。该区域包括应力增高区和原岩应力区。

可见，片帮处于松弛区。由数值模拟可知，松弛区的煤帮产生"纵向劈裂式"破坏，形成高宽比为 3～5 的"柱条"，"柱条"受压挠曲产生水平位移导致片帮。为此，可建立"柱条"模型进行分析，揭示片帮的机理（图 6.7）。

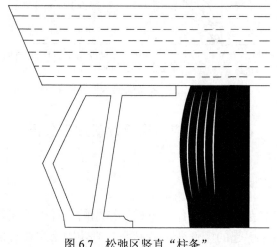

图 6.7　松弛区竖直"柱条"

6.3　煤壁稳定性的柱条模型分析

根据现场实测和数值模拟，煤壁下端的变形量很小，上端在受顶板回转作用的同时还受到前方煤体的约束。可将煤壁附近劈裂的"煤条"视为下端固定、上端铰支的受压"柱条"，建立煤壁片帮的柱条模型，如图 6.8 所示[23]。位于松弛区的"柱条"属于破裂煤体，强度很弱，"柱条"的稳定性主要受顶板回转下沉量的控制，与极限挠曲量有关。

根据大采高煤壁受顶板回转弯曲压力作用的特点，柱条模型条件可简化为：①柱条自重远小于顶板压力，对柱条挠度的影响较小，忽略不计；②柱条垂直方向上压缩量不大，忽略不计。

陕北矿区的实测表明，采高为 7m 时，完整性较好的中硬煤壁的压缩变形量最大约为采高的 3.5%，对煤壁挠度的确定影响甚小，不予考虑。

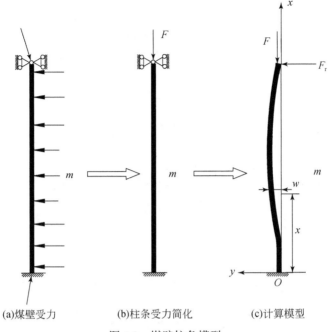

(a)煤壁受力　　　　(b)柱条受力简化　　　　(c)计算模型

图 6.8　煤壁柱条模型

m-采高；F-顶板压力

为使柱条平衡，柱条与顶板接触点为上端铰支座，横向反力为 $\dfrac{m_0}{m} = F_r$，在 x 处取矩得

$$m(x) = \frac{m_0}{m}(M - x) - Fw \tag{6.1}$$

$$m(x) = EI\frac{\mathrm{d}^2 w}{\mathrm{d}x^2} \tag{6.2}$$

于是，挠曲线微分方程为

$$\frac{\mathrm{d}^2 w}{\mathrm{d}x^2} = \frac{m(x)}{EI} = \frac{m_0}{EIm}(M - x) - \frac{Fw}{EI} = \frac{F_r}{EI}(m - x) - \frac{Fw}{EI} \tag{6.3}$$

令 $k^2 = \dfrac{F}{EI}$，则

$$\frac{\mathrm{d}^2 w}{\mathrm{d}x^2} + k^2 w = \frac{F_r}{EI}(m - x) \tag{6.4}$$

微分方程（6.4）的通解为

$$w = A\sin kx + B\cos kx + \frac{F_r}{F}(m - x) \tag{6.5}$$

w 的一阶微分方程为

$$\frac{\mathrm{d}w}{\mathrm{d}x} = Ak\cos kx - Bk\sin kx - \frac{F_r}{F} \tag{6.6}$$

柱条的边界条件为

$$\begin{cases} x=0 \text{ 时}, \quad w=0, \quad \dfrac{\mathrm{d}w}{\mathrm{d}x}=0 \\ x=m \text{ 时}, \quad w=0 \end{cases}$$

将边界条件代入式（6.5）和式（6.6），解之得

$$\tan km = km$$

令 $km=t$，用 matlab 软件求得第一个非零解为 $km=t=4.493$，则有

$$w = \frac{F_r m}{F}\left(\frac{1}{4.493}\sin\frac{4.493}{m}x - \cos\frac{4.493}{m}x + 1 - \frac{x}{m} \right) \quad (x \leqslant M)$$

或

$$w = \frac{m_0}{F}\left(\frac{1}{4.493}\sin\frac{4.493}{m}x - \cos\frac{4.493}{m}x + 1 - \frac{x}{m} \right) \quad (x \leqslant M)$$

当 $m=4.0\mathrm{m}$ 时，$x\approx2.42\mathrm{m}$，$w_{max}=1.40\dfrac{m_0}{F}$；当 $m=5.0\mathrm{m}$ 时，$x\approx3.02\mathrm{m}$，$w_{max}=$

$1.40\dfrac{m_0}{F}$；当 $m=6.0\mathrm{m}$ 时，$x\approx3.62\mathrm{m}$，$w_{max}=1.40\dfrac{m_0}{F}$；当 $m=7.0\mathrm{m}$ 时，$x\approx4.22\mathrm{m}$，

$w_{max}=1.40\dfrac{m_0}{F}$。且均有 $\dfrac{x}{m}\approx0.60$，即柱条挠度最大值均发生在采高的 0.60 倍处。该处即为煤壁最容易片帮的位置，与煤壁片帮大多发生于煤壁中上部的实际情况一致。

6.4　支护阻力对煤壁稳定性的影响

1. 支架工作阻力对煤壁稳定性的影响

采用 UDEC 数值计算软件，对采高 7.0m 时支护阻力分别为 12000kN/架、14000kN/架、15000kN/架、16000kN/架、17000kN/架和 18000kN/架的工作面开采进行了模拟，煤壁稳定性情况如图 6.9～图 6.13 所示。根据煤壁塑性区及位移矢量图可知，随着支架支护阻力的增大，煤壁的破坏程度逐渐减小。

由图 6.9 可知，支护阻力小于 14000kN/架时，煤壁中上部存在十分明显的水平移动，煤壁最大水平位移 0.84m，煤壁片帮深度达到 2.0m。

由图 6.10 可知，当支护阻力为 15000kN/架时，煤壁中上部有较明显的水平移动，但幅度减弱，煤壁最大水平位移 0.82m。煤壁片帮深度 1.0m。

由图 6.11 可知，当支护阻力为 16000kN/架时，煤壁中上部的最大水平位移明显减小为 0.62m，煤壁片帮深度也减小为 0.5m。

由图 6.12 可知，当支架的支护阻力为 17000kN/架时，整个煤壁没有发生失稳破坏，只是煤壁中上部分有挠曲现象，最大水平位移为 0.29m。

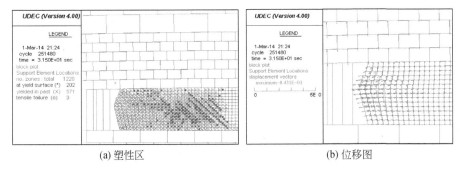

　　　　(a) 塑性区　　　　　　　　　　　　　(b) 位移图

图 6.9　支架工作阻力 14000kN/架（见彩图）

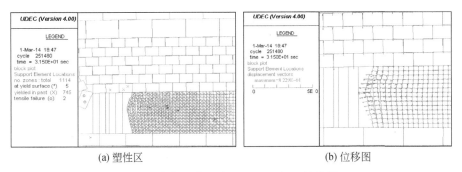

　　　　(a) 塑性区　　　　　　　　　　　　　(b) 位移图

图 6.10　支架工作阻力 15000kN/架（见彩图）

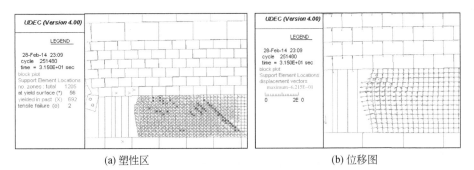

　　　　(a) 塑性区　　　　　　　　　　　　　(b) 位移图

图 6.11　支架工作阻力 16000kN/架（见彩图）

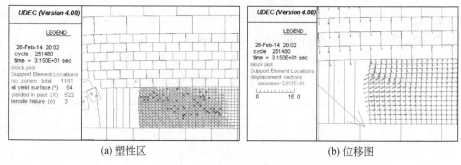

(a) 塑性区　　　　　　　　　　　　　　(b) 位移图

图 6.12　支架工作阻力 17000kN/架（见彩图）

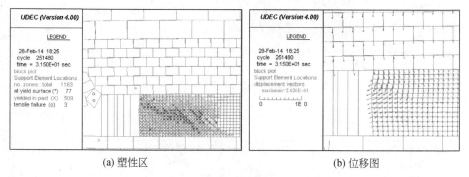

(a) 塑性区　　　　　　　　　　　　　　(b) 位移图

图 6.13　支架工作阻力 18000kN/架（见彩图）

由图 6.13 可知，当支架的支护阻力达 18000kN/架时，煤壁没有发生破坏，煤壁中上部最大水平位移 0.26m。

综上所述，随着支架工作阻力的不断提高，煤层的塑性区宽度明显减小，其回归关系如图 6.14 所示。可见，支架的工作阻力对煤壁水平位移具有重要影响，支架阻力足够大时，煤壁的塑性区宽度将迅速减小，煤壁片帮程度也明显减小甚至消除。

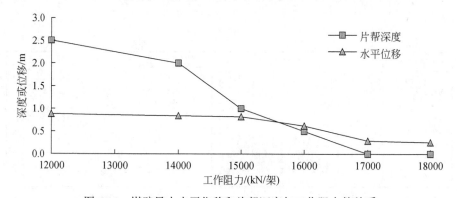

图 6.14　煤壁最大水平位移和片帮深度与工作阻力的关系

2. 支架工作阻力对支承压力的影响

当支架工作阻力为 12000kN/架、14000kN/架、16000kN/架和 18000kN/架时，对应的应力峰值分别为 12.44MPa、12.02MPa、11.94MPa 和 11.49MPa，对应煤壁距离峰值的水平距离分别为 16.0m、14.0m、12.0m 和 10.0m（图 6.15）。可见，随着工作阻力的提高，煤体前方的应力峰值和峰值距离煤壁的水平距离都有所减小，说明支架工作阻力对超前支承压力分布有一定影响。

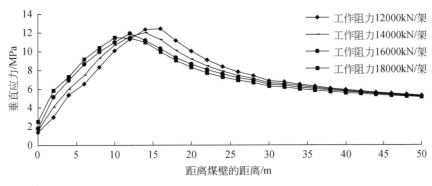

图 6.15　工作阻力与煤体前方应力分布曲线

6.5　片帮的控制原则

工程实践表明，工作面采高加大后，煤壁片帮现象严重，且多发于工作面中部。煤壁片帮后形成空顶，容易引起断面冒顶事故，必须采取合理有效的防治手段。本书整理国内部分煤矿大采高工作面煤壁片帮实例[24-27]，如表 6.1 所示。

表 6.1　工作面煤壁片帮及处理措施

序号	矿井	工作面	埋深/m	采高/m	煤层倾角/(°)	冒顶/片帮事故	措施
1	补连塔	22303	156~225	6.8	1~3	采用 ZY16800/32/70 双柱掩护式支架。工作面距离出煤柱 30m 时，顶板来压，煤壁片帮深度达 1.0m，冒矸堆积高度 3.5~5m	1.五到位：跟机拉架到位、超前拉架到位、初撑力到位、护帮板打到位和伸缩梁使用到位。2.严格将停机检修控制在来压前，保证在来压时快速通过。3.来压时，梁端距大于 673mm 时及时拉超前架，之后仍大于 600mm 时及时伸出伸缩顶梁，防止漏矸或冒顶。4.工作面压力大，顶板破碎频繁漏矸时，及时降低采高，控制好顶板

序号	矿井	工作面	埋深/m	采高/m	煤层倾角/(°)	冒顶/片帮事故	措施
2	布尔台	22201-2	249~301	3.8	1~3	采用 ZY12000/20/40D 双柱掩护式支架。来压期间，工作面出现冒顶、片帮	采用追机拉架、擦顶拉架、及时拉超前支架以及快速推进等措施，有效控制了顶板
3	上社矿	15106	—	5.47	8	工作面回采期间发生 3 次较大端面冒顶事故，最大片帮长度 34m，端面冒顶集中在工作面中部 3 个支架，冒落煤岩 145m³	1.改进支架前探梁，采用支架前梁加伸缩梁方式，并带二级护帮结构，缩小端面距，使护帮板紧密接触煤壁挠度位置。2.保证支架初撑力不小于 8000kN，割煤时实行双向邻架自动顺序控制，追机移架，移架采用"带压擦顶移架法"，移动一步到位
4	补连塔	12519	270~301	5.3	1~3	采用 ZY12000/28/63 液压支架。最大片帮深度 1.8m，冒顶高度 2.5~4.3m	原因：冒顶和片帮现象主要是液压支架工作阻力不足造成的。措施：1.加快推进速度；2.顶板加固锚索；3.顶帮加固高分子材料
5	大柳塔	50304	150~268	7.0	1~3	采用 ZY16800/32/70 掩护式液压支架。来压时片帮现象明显，片帮深度最大 3m	工作面来压期间支架处于高位运行状态，支架额定工作阻力不足
6	赵庄	3307	—	5.6	8	采用 ZY12000/28/62D 液压支架。工作面顶板漏冒、煤壁片帮情况严重	1.安设液压支架初撑力保持阀，保证足够初撑力。2.液压支架采用二级护帮板护帮。3.及时支护：超前拉架并打出护帮板，快速移架。4.提高围岩强度：采用玛丽散加固方法或其他固化方法对顶板固化
7	王庄	3501	340	5.08	1~3	煤壁上部片帮高度 2m，片帮深度达 1.5m，冒顶高度达 3m	1.提高支架初撑力及支护阻力。2.过地质构造破碎带，适当降低采高。3.采用三级护帮装置，加大护帮面积。4.加快推进速度
8	色连矿	8101	170	4	1~3	采用 ZY11000/25/50D 型掩护式支架。推进过程中存在漏冒型采场顶板垮落	1.及时护帮。2.提高移架速度，确保移架和割煤速度的相互匹配。3.加强支架的有效支护，提高煤壁的护帮强度和顶板的支护强度。4.片帮和冒顶严重区域，煤壁注入固化剂加固并结合木锚杆补强加固方式
9	双柳矿	33408	—	3.8	5	采用 ZZ6000/20/42 型液压支架。推进 7m 时，片帮深度达 2m，端面距过大造成端面顶板大面积冒落，冒高达 5m	在片帮严重区域的支架前探梁上方冒落空间和煤层内注入马丽散化学浆液，封堵冒顶的空间和阻止煤壁片帮，以及充填冒落空间上方岩层破碎裂隙，防止顶板岩层的再冒落

　　由煤壁稳定性的柱条模型可知，改变柱条的支座条件直接影响柱条临界力的大小，增加柱条的水平挠曲变形约束可以降低柱条弯曲变形，提高柱条稳定性。结合表 6.1 中的工程实践经验，煤壁片帮控制基本原则如下。

　　（1）煤壁变形破坏呈现"柱条"特征，煤壁最容易发生片帮的部位集中在 0.60 倍的采高处，加强对该处煤帮的护帮，控制煤帮水平位移，可有效防止片帮。

　　（2）提高支架的初撑力和工作阻力，降低顶板对"柱条"上端的作用力，可提高"柱条"的稳定性，减轻或消除片帮。

　　（3）采取改进支架的护帮板结构等措施，加强对煤壁中上部水平位移的约束，可提高煤壁自身的稳定性。

　　（4）加快工作面推进速度，可以减少超前支承压力对煤体的作用时间，减小顶板回转下沉量和降低片帮的可能性。

　　（5）合理控制采高。采高越大，柱条越高，煤壁柱条区越大，累计水平变形越大，柱条越容易失稳形成片帮，过地质构造破碎带时，应适当降低采高。

6.6　本 章 小 结

　　通过数值模拟与理论分析的方法，分析了大采高煤壁片帮的基本特征及应力场分布规律，建立了煤壁片帮的"柱条"模型，揭示了支护阻力对煤壁稳定性的影响机理，提出了片帮的控制原则，主要结论如下。

　　（1）随着采高的增大，峰值前的煤体塑性区宽度呈近似线性增大，破坏程度加剧，大采高工作面煤壁的变形破坏表现出明显的"柱条"特征。

　　（2）导致煤壁片帮的主要因素是煤壁的应力分布与煤壁结构强度，根据工作面前方煤体受力特征将其分为 3 个区：松弛区、塑性承载区及弹性区。

　　（3）柱条挠度最大值发生在采高的 0.60 倍处。该处即煤壁最容易片帮的位置。

　　（4）支架的工作阻力对煤壁水平位移具有重要影响，提高支架的工作阻力，煤体的塑性区宽度明显减小，煤壁片帮程度也明显减小甚至消除。

　　（5）结合煤壁稳定性的柱条模型及工程实践经验，提出了大采高煤壁片帮控制基本原则。

第7章 浅埋近距离煤层群顶板结构与岩层控制

神府矿区主要可采煤层一般为 2~3 层，煤层间距一般小于 40m，属于近距离浅埋煤层群。煤层群的下煤层处于上煤层采空区下，顶板结构不仅与间隔层结构有关，也与上煤层垮落顶板活化结构有关。本章基于浅埋煤层群矿压实测和顶板结构特征物理模拟，以间隔层关键层和间采比为指标，提出了浅埋近距离煤层群分类，并建立了各类型的顶板结构模型，给出了工作面合理支护阻力的确定方法，为浅埋近距离煤层群采场顶板控制提供科学依据。

7.1 浅埋近距离煤层群分类及其结构特征

神府矿区浅埋近距离煤层群的层间距变化较大，形成的顶板结构和来压规律不同。基于浅埋煤层群矿压实测与物理模拟实验，揭示了浅埋近距离煤层群工作面矿压特征，提出了浅埋煤层群的分类，分析了浅埋近距离煤层群的覆岩垮落规律与结构特征，为准确建立顶板结构模型提供基础。

7.1.1 浅埋近距离煤层群分类

1. 分类指标

神府矿区煤层群埋藏浅，煤层倾角小，煤层间距一般在 40m 以内，属于浅埋近距离煤层群。近距离煤层群中，最顶部的首采煤层可借鉴单一煤层岩层控制理论，下部煤层开采处于上部煤层采空区下，属于近距离煤层开采的岩层控制范畴。浅埋近距离煤层群工作面实测统计，如表 7.1 所示。

下煤层工作面的来压规律与采高和层间距（间隔层厚度）相关。由于不同采高的等效直接顶厚度不同，剩余间隔层厚度不同，关键层的数量也不一样。随煤层采高的增大，支架工作阻力与周期来压步距增大。随上煤层采高增加，下煤层支架工作阻力和来压步距分别增加 1.8% 和 7.6%；随下煤层采高增加，其分别增加 18.2% 与 21.2%。可见，煤层群的下煤层矿压主要受自身采高的影响（表 7.2）。间隔层厚度和采高共同决定间隔层的结构形态和来压特征。因此，将间隔层厚度与采高之比称为"间采比"，记 G，作为划分浅埋近距离煤层群分类的综合指标。

表 7.1　浅埋近距离煤层群开采矿压特征

序号	工作面	上煤层采高/m	下煤层				
			采高/m	间隔层厚度/m	间采比	关键层/个	矿压特征
1	纳林庙 6104	2.1	2.6	2.9	1.2	0	周期来压步距 12m，支架最大平均工作阻力 4500kN/架，动载系数 1.27
2	石圪台 12102	2.1	2.8	5.2	1.9	0	周期来压步距 23m，支架最大平均工作阻力 8248 kN/架，动载系数 1.24
3	石圪台 12103	2.1	2.8	6.0	2.1	0	周期来压步距 10m，支架最大平均工作阻力 8568 kN/架，动载系数 1.35
4	大柳塔 12306	2.67	4.3	20	4.7	1	周期来压步距 9m，支架最大平均工作阻力 10693kN/架，动载系数 1.62
5				15	3.5	1	周期来压步距 9m，支架最大平均工作阻力 10781kN/架，动载系数 1.5
6	大柳塔 21305	3.78	4.3	19	4.4	1	周期来压步距 10m，支架最大平均工作阻力 10887kN/架，动载系数 1.72
7	大柳塔 12312	3.5	4.7	20	4.3	1	周期来压步距 12m，支架最大平均工作阻力 12868kN/架，动载系数 1.33
8	大柳塔 22303	3.52	4.5	28	6.2	1	周期来压步距 12m，支架最大平均工作阻力 12007kN/架，动载系数 1.33
9	补连塔 32301	6	6.1	32	5.2	1	周期来压步距 17m，支架最大平均工作阻力 11517kN/架，动载系数 1.53
10	补连塔 22306	5.4	6.8	35	5.1	2	小周期来压步距 13m，支架工作阻力 16900 kN/架；大周期来压步距 37m，支架工作阻力 19700 kN/架，动载系数 1.6
11	柠条塔 N1200	1.72	5.9	39	6.6	2	大周期来压步距 24m，支架工作阻力 13872 kN/架；小周期来压步距 8m，支架工作阻力 12515 kN/架，动载系数 1.78

表 7.2　上、下煤层采高对矿压特征的影响

煤层	对比实例		矿压特征	
	序号	采高/m	支架阻力/（kN/架）	周期来压步距/m
上煤层	5	2.67	来压平均 10693	9.2
	6	3.78	来压平均 10887	9.9
下煤层	6	4.3	来压平均 10887	9.9
	7	4.7	来压 9605～12868	12

　　根据经验，直接顶碎胀系数平均取 1.3。按照经典理论，充满采空区的垮落顶板厚度为 3.3 倍采高，即间隔层厚度小于 3.3 倍采高（间采比小于 3.3）时，一般不具备形成关键层铰接结构的条件。按照采高 3～7m 估算，不能形成关键层的间隔层厚度一般小于 10～22m。如表 7.1 所示，间采比小于 3.3 时，间隔层以直接顶

冒落形态存在，即间隔层不能形成关键层结构。

根据实测和物理模拟研究，神府矿区周期来压步距一般为 8～12m，关键层结构块度为 1 左右，则关键层厚度为 8～12m。按照煤层 3～7m 的采高，关键层厚度为采高的 1～4 倍（采高越大，倍数越低）。如果等效直接顶厚度按照 3.3 倍采高计算，可估算出具有单一关键层的间隔层厚度为采高的 3.3～7.3 倍（采高越大，倍数越小），即间采比为 3.3～7.3。采高 3m 时形成单一关键层的间隔层厚度应大于 9.9m，采高 4.3m 时的间隔层厚度应大于 14.2m，这与实测统计表 7.1 基本一致。

如果等效直接顶厚度按照 3.3 倍采高计算，每组关键层的厚度按照 1～4 倍采高计算，则形成双关键层的间隔层厚度应大于 5.3～11.3 倍采高，即间采比 G 为 5.3～11.3（采高越大，间采比越小）。如果采高 3m，取间采比 11.3，则形成双关键层的间隔层厚度需大于 33.9m；采高 7m，取间采比 5.3，则形成双关键层的间隔层厚度应大于 37.1m。

上述间采比数据只是一般的经验数据范围，在实际确定时还需要具体分析。

2. 浅埋近距离煤层群分类

根据上述分析，按照间隔层关键层数和间采比 G，可将浅埋近距离煤层群分为三类。

（1）浅埋极近距离煤层群。该煤层群的间隔层为等效直接顶，煤层间隔层厚度（层间距）一般小于采高的 3.3 倍，即间采比 G 一般小于 3.3 时，间隔岩层表现为直接顶，一般不能形成关键层铰接结构，工作面来压动载系数较小。

（2）浅埋单关键层近距离煤层群。该煤层群的间隔层可形成单一关键层结构，间隔层厚度为采高的 3.3～7.3，即间采比 G 为 3.3～7.3。设采高为 m，单一关键层间采比条件为 $G=3.3+1.0$（$7-m$），矿压特征类似于典型浅埋煤层。

（3）浅埋双关键层近距离煤层群。该煤层群的间隔层厚度大，可形成双关键层结构。间隔层厚度约为采高的 5.3～11.3 倍，即间采比 G 为 5.3～11.3。设采高为 m，双关键层间采比条件为 $G=5.3+1.5$（$7-m$），矿压特征类似于近浅埋煤层，具有大小周期来压现象。

上述间采比范围只是一个经验参考值，实际应用中需要根据围岩条件具体判断。

7.1.2　浅埋极近距离煤层覆岩垮落规律与结构特征

1. 物理模拟设计

霍洛湾矿主采两层煤，$2^{-2\,\pm}$ 煤层平均采高 2.7m，其下部的 2^{-2} 煤层 22104 工作面采高 2.5m，埋深 90～160m，层间距平均 6m，间采比 $G=2.4$，小于 3.3，属浅埋极近距离煤层，间隔层无关键层，22104 工作面空间位置如图 7.1 所示。采用物理相似模拟，揭示下煤层开采的顶板结构和来压特征。模型几何相似比为 1:100，煤岩层物理力学参数如表 7.3 所示。模拟实验的开挖顺序为：首先开采 $2^{-2上}$ 煤层的 22102 和 22103 工作面，工作面间留设 25m 区段煤柱；待上分层垮落稳定后，开采 2^{-2} 煤层 22104 工作面。

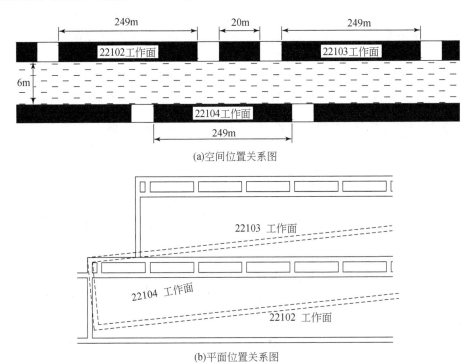

(a)空间位置关系图

(b)平面位置关系图

图 7.1　22104 工作面位置图

表 7.3　顶底板岩性表

岩性	厚度/m	累深/m	容重/（kN/m³）	内聚力/MPa	泊松比
细砂岩	4.4	121.4	24.04	1.59	0.19
1^{-2}煤层	0.9	122.3	13.60	0.37	0.24
泥质粉砂岩	13.8	136.1	21.42	4.90	0.33
石英砂岩	7.3	143.4	26.55	12.80	0.15
泥质粉砂岩	2.6	146.0	21.42	4.90	0.33
$2^{-2上}$煤层	2.7	148.7	13.50	0.37	0.24
细砂岩	4.2	152.9	23.94	3.30	0.28
石英砂岩	1.9	154.8	26.50	13.00	0.13
2^{-2}煤层	2.5	157.3	13.50	0.37	0.24
粉砂质泥岩	31.9	189.2	23.37	5.00	0.28

2. 上部首煤层开采的覆岩垮落和来压特征

首先开采顶部的 $2^{-2\,上}$煤层，工作面自开切眼推进到 35m 时，直接顶充分垮落，垮落高度 2.7m；工作面推进到 60m 时，老顶初次垮落，垮落高度达 19m，初次来压步距为 60m，顶板出现大范围的离层，离层高度为 17m，支架压力 7624kN/架，如图 7.2（a）所示。工作面推进到 67.5m 时，顶板第一次周期性垮落，来压步距7.5m。工作面推进到 80m 时，顶板第二次周期垮落，垮落高度 22m，来压步距12.5m，顶板压力持续增大，支架最大载荷达到 8452kN/架，如图 7.2（b）所示。根据实验设计方案，当 $2^{-2\,上}$煤层开采 22102 工作面达到充分采动后，留设 25m 的区段煤柱，$2^{-2\,上}$煤层开采工作面形成的区段煤柱和顶板垮落形态如图 7.3 所示。

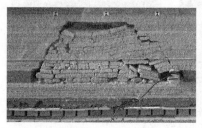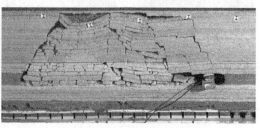

(a) 推进60m老顶初次垮落　　　　　　　　(b) 推进80m老顶第二次周期垮落

图 7.2　$2^{-2\,上}$煤层开采顶板垮落过程

图 7.3　$2^{-2\,上}$煤层 22102 和 22103 工作面开采后的顶板垮落形态

3. 浅埋极近距离下煤层开采矿压特征

上煤层开采后，在上煤层采空区下开采下部的 2^{-2} 煤层。工作面自开切眼推进 10m 时，直接顶初次垮落，如图 7.4（a）所示。工作面推进到 20m 时，6m 的

间隔岩层完全破断，下煤层顶板初次垮落，垮落岩层离层高度 20m，且上下煤层工作面的采空区导通，工作面初次来压，支架压力不大，如图 7.4（b）所示。当工作面推进到 27.5m 时，顶板第一次周期性垮落，垮落步距为 7.5m。采空区垮落顶板活化，冒落高度达到 30m，顶板上部离层加宽，工作面第一次周期来压，如图 7.4（c）所示。当工作面推进到 35m 时，顶板第二次周期垮落，垮落步距为 7.5m，此时，顶板垮落范围继续增大，波及上煤层采空区主关键层最大离层处，如图 7.4（d）所示。

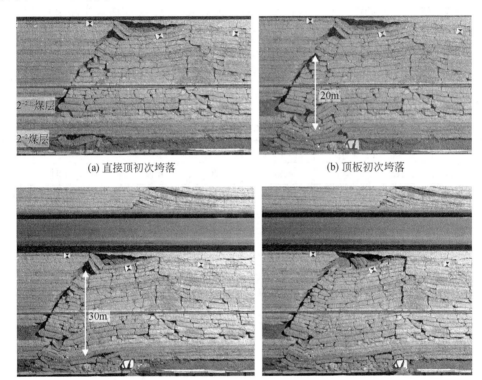

(a) 直接顶初次垮落　　　　　　　　　(b) 顶板初次垮落

(c) 顶板第一次周期垮落　　　　　　　(d) 顶板第二次周期垮落

图 7.4　2^{-2} 煤层开采顶板垮落过程

工作面推进到 40m 后，进入上部采空区压实区，工作面处于正常开采阶段，来压交替出现高压区和低压区。

高压区：工作面推进到 40～65m，进入高压区，区间长度 25m，垮落步距 5～6m。工作面推进至 45m 时，顶板离层高度 66m，支架载荷 6360～8100kN/架，平均 7150kN/架。

低压区：当工作面推进到 65～80m 时，上覆岩层重新形成铰接结构，离层发育不明显，工作面进入低压区，支架载荷 3910～6040kN/架，平均 4810kN/架。

　　二次高压区:当工作面推进到 80~92m 时,进入第二高压区,高压区长度 12m。工作面推进至 85m 时,顶板离层高度发育至 73m。推进至 88.5m 时,顶板垮落高度 82m,地表出现明显移动及台阶下沉,顶板二次充分采动。这一高压区支架载荷 6690~9305kN/架,平均高达 8285kN/架。

　　二次低压区:当工作面推进至 92~100m 时,再次进入压力平缓区,支架载荷为 5000~7000kN/架,平均 5787kN/架。

　　将实验数据换算为原型数据,分析工作面顶板来压规律。如表 7.4 所示,$2^{-2\,上}$煤层模拟工作面矿压显现规律与现场实测基本一致,表明研究手段可靠。综上所述,在上煤层采空区下,极近距离煤层开采,间隔层无关键层,但上煤层的垮落顶板二次采动后仍然可以形成一定的结构,导致顶板来压具有区域性,分为高压区和低压区。高压区长度 12~25m,平均 16m;低压区长度 5~15m,平均 9m。初次高压区步距 47m,高压区周期步距 20~40m,平均 27m,支架工作阻力如图 7.5 所示。

表 7.4　模拟实验结果与开采实践对比

煤层	老顶初次来压步距/m		老顶周期来压步距/m		周期来压支架工作阻力/（kN/架）	
	实验	实测	实验	实测	模拟	实测
$2^{-2\,上}$煤层	60	60~65	11.6	11~13	5694~8492	5800~7000（最大 8500）
2^{-2}煤层	20	—	6	—	6367~9306	—

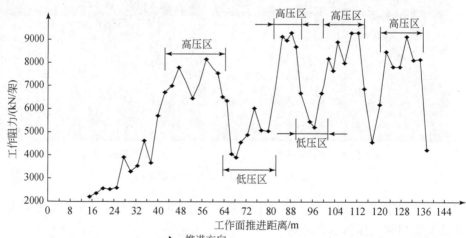
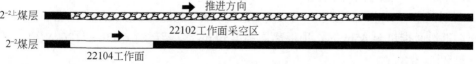

图 7.5　22104 工作面支架工作阻力

4. 垮落顶板二次活化结构特征和分区来压机理

实验发现，极近距离层间无关键层条件下，上煤层开采后，下煤层开采的顶板结构为上煤层垮落顶板活化结构，导致来压具有分区特征。

工作面初采阶段顶板"梯拱形"垮落区岩块无铰接，称"自由冒落区"；正常回采阶段顶板周期性垮落形成"斜柱条岩梁区"（图7.6）。下煤层工作面来压规律如图7.7所示，周期来压具有高压和低压分区现象。

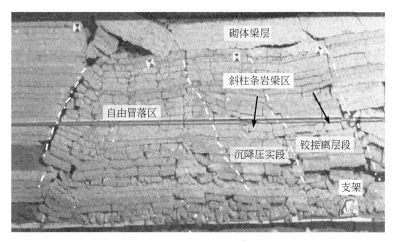

图 7.6 2^{-2} 煤层开采顶板垮落特征

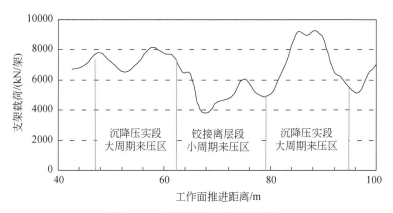

图 7.7 工作面推进支架载荷分布

垮落顶板二次采动活化结构特征如下。

（1）自由冒落区。上煤层采空区垮落顶板不存在铰接结构，间隔层表现为静载作用于支架，上煤层顶板的铰接岩块不传递载荷，支架载荷不大。

（2）斜柱条岩梁区。随工作面推进，顶板分两种情况：一为砌体梁岩块相互铰接，与斜柱条岩梁离层，此时，仅斜柱条岩梁结构载荷与间隔层重量对支架施载，形成小周期来压（低压区），称铰接离层段；二为砌体梁岩块失稳后，直接作用于斜柱条岩梁，支架载荷由砌体梁岩块载荷、斜柱条岩梁结构载荷及间隔层重量构成，形成大周期来压（高压区），称沉降压实段。

7.1.3 浅埋近距离煤层覆岩垮落规律与结构特征

1. 物理模拟实验设计

柠条塔矿北翼东区主采 1^{-2} 煤层、2^{-2} 煤层和 3^{-1} 煤层，1^{-2} 煤层平均厚度 1.89m，埋深 110m，2^{-2} 煤层采高 5m，3^{-1} 煤层采高 2.8m。1^{-2} 煤层和 2^{-2} 煤层间距 33.4m，间采比 G 为 6.6（单一关键层条件 $G \geqslant 5.3$，双关键层条件 $G \geqslant 8.3$），符合浅埋单一关键层近距离煤层条件。2^{-2} 煤层和 3^{-1} 煤层间距 33.7m，间采比 G 为 12.0（单一关键层条件 $G \geqslant 7.5$，双关键层条件 $G \geqslant 11.6$），符合浅埋双关键层近距离煤层条件。煤岩层物理力学参数如表 7.5 所示。

表 7.5　煤岩层物理力学参数

岩性	厚度/m	容重/（kN/m³）	单轴抗压强度/MPa	内聚力/MPa	泊松比	弹性模量/MPa	体积模量/MPa	剪切模量/MPa
中砂岩	10	23.3	40.6	1.5	0.28	1949	1477	761
1^{-2}煤层	1.9	12.9	15.7	1.3	0.28	845	640	330
细砂岩	2.9	22.3	25.6	1.2	0.27	953	1005	521
细砂岩	6.6	22.7	29.6	1.5	0.29	1258	998	488
粉砂岩	3.8	24.4	46.0	0.9	0.30	995	829	383
细砂岩	5.9	23.4	48.5	1.9	0.27	1629	1180	641
粉砂岩	1.0	24.0	45.3	1.2	0.30	924	770	355
细砂岩	11	26.0	43.6	1.5	0.35	963	1369	963
细砂岩	2.2	23.0	45.6	2.2	0.27	2113	1531	832
2^{-2}煤层	4.6	13.4	13.8	1.4	0.27	845	612	333
粉砂岩	3.5	23.4	20.5	0.2	0.34	135	141	51
细砂岩	8.7	22.8	39.1	2.2	0.27	3627	2628	1428
粉砂岩	2.4	24.0	42.5	0.7	0.31	353	310	135
细砂岩	8.7	23.5	47.5	2.4	0.27	2631	1907	1036
中砂岩	7.0	22.6	41.9	2.5	0.26	2714	1885	1077
粉砂岩	3.5	24.0	46.3	1.8	0.28	2014	1526	787
3^{-1}煤层	2.8	12.7	10.9	1.1	0.29	739	587	286

物理模拟几何相似条件：$\alpha_l = \dfrac{l_m}{l_p} = \dfrac{1}{200}$；重力相似条件：$\alpha_\gamma = \dfrac{\gamma_m}{\gamma_p} = \dfrac{2}{3}$；重力

加速度相似条件：$\alpha_g = \dfrac{g_m}{g_p} = \dfrac{1}{1}$；时间相似条件：$\alpha_t = \dfrac{t_m}{t_p} = \sqrt{\alpha_l} = 0.071$；速度相似

条件：$\alpha_v = \dfrac{v_m}{v_p} = \sqrt{\alpha_l} = 0.071$；位移相似条件：$\alpha_s = \alpha_l = \dfrac{1}{200}$；岩层强度、弹性模

量和内聚力等相似条件：$\alpha_R = \alpha_E = \alpha_c = \alpha_l \alpha_\gamma = \dfrac{1}{300}$；内摩擦角相似条件：

$\alpha_\phi = \dfrac{R_m}{R_p} = \dfrac{1}{1}$；作用力相似条件：$\alpha_f = \dfrac{f_m}{f_p} = \alpha_g \alpha_\gamma \alpha_l^3 = 8.3 \times 10^{-8}$。模型全景如图 7.8

所示。

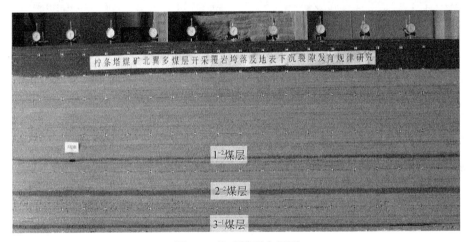

图 7.8　物理模型全景图

2. 最顶部的 1^{-2} 煤层开采覆岩垮落与来压特征

（1）直接顶垮落。工作面推进 12m 时，直接顶垮落高度 4m。推进 26m 时，直接顶垮落高度 8m，离层裂隙带高度 12m（图 7.9）。

（2）老顶初次垮落。工作面推进到 53m 时，老顶初次垮落，垮落高度 15m，裂隙带高度 19m，老顶初次来压，老顶岩层垮落角为 50°左右（图 7.10）。

（3）老顶周期性垮落。工作面推进 74m 时，老顶第 1 次周期性垮落，垮落步距 19m，顶板垮落高度 17m，裂隙带高度 22m，离层宽度 55m，如图 7.11 所示。工作面推进 86m 时，老顶第 2 次周期性垮落，垮落步距 12m，垮落高度 26m，裂隙带高度达 30m，如图 7.12 所示。工作面推进 97m 时，老顶第 3 次周期性垮落，

垮落步距为 11m，垮落高度 30m，裂隙带高度 34m，如图 7.13 所示。工作面推进 110m 时，老顶第 4 次周期性垮落，垮落步距 13m，顶板垮落高度达到 33m，裂隙带高度 42m，如图 7.14 所示。

（4）充分采动。工作面推进 121m 时，工作面周期性垮落，垮落步距 11m，垮落高度 40m。上覆岩层整体下移，地表充分采动，地表下沉量达到 1.7m。

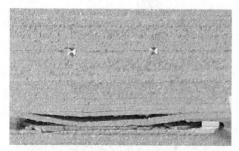

图 7.9　1^{-2} 煤层开采 26m 直接顶初次垮落

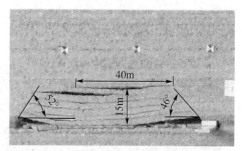

图 7.10　1^{-2} 煤层开采 53m 老顶初次垮落

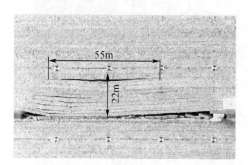

图 7.11　1^{-2} 煤层老顶第一次周期性垮落

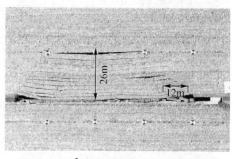

图 7.12　1^{-2} 煤层老顶第二次周期性垮落

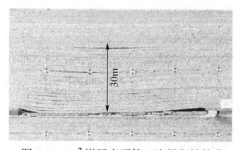

图 7.13　1^{-2} 煤层老顶第三次周期性垮落

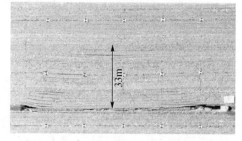

图 7.14　1^{-2} 煤层老顶第四次周期性垮落

1^{-2} 煤层单煤层开采覆岩垮落规律：直接顶初次垮落步距 12m，老顶初次垮落步距 53m，老顶周期性垮落步距 11～19m，平均 13m，岩层垮落角 50°。顶板冒落高度为 40m，裂隙带高度为冒落带的 1.3 倍左右。工作面推进到 121m，工作面充分采动（表 7.6）。

表 7.6　1⁻²煤层工作面覆岩垮落规律

垮落次序		垮落步距/m	垮落高度/m	裂隙带高度/m	工作面推进距离/m
直接顶初次垮落		12	4	6	12
直接顶二次垮落		26	8	12	26
老顶初次垮落		53	15	19	55
老顶周期性垮落	第 1 次	19	17	22	74
	第 2 次	12	26	30	86
	第 3 次	11	30	34	97
	第 4 次	13	33	40	110
	第 5 次（充分采动）	11	40	120	121
	平均	13	—	—	—

3. 近距离煤层（2⁻²煤层）覆岩单关键层结构与来压特征

2⁻²煤层与上部 1⁻²煤层间距 33.4m，采高 5m，隔采比 G 为 6.6，属于单关键层近距离煤层采空区下开采，间隔层顶板可形成单一关键层结构。

（1）直接顶初次垮落。2⁻²煤层工作面自开切眼推进 8m 时，直接顶初次垮落，垮落高度 3m，离层高度（裂隙带高度）5m。

（2）老顶初次垮落。工作面推进 65m，老顶初次垮落，顶板垮落高度 21m，有 10m 老顶未垮落，裂隙带高度 26m，覆岩垮落角为 58°，如图 7.15 所示。此时，老顶初次来压，支架动载系数 1.3。

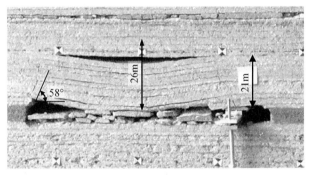

图 7.15　2⁻²煤层老顶初次垮落

（3）老顶周期性垮落。工作面推进 90m 时，老顶第 1 次周期性垮落，垮落步距 25m，如图 7.16 所示。上覆岩层破断贯通 1⁻²煤层采空区，如图中椭圆线所示。1⁻²煤层采空区压实顶板离层裂隙活化，竖向边界裂隙也进一步活化，裂隙带高度达到 41.7m。由于 2^{-2} 煤层老顶与 1^{-2} 煤层原有铰接老顶同时垮落失稳，造成来压较为剧烈，支架动载系数 2.1。工作面推进 110m 时，老顶第 2 次周期垮落，垮落步距 20m，即 1^{-2} 煤层顶板首次活化垮落，垮落高度 52.5m，裂隙带高度 63m，支架动载系数 1.4，如图 7.17 所示。

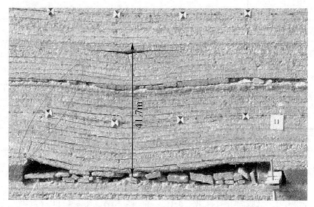

图 7.16 2^{-2} 煤层老顶第一次周期垮落

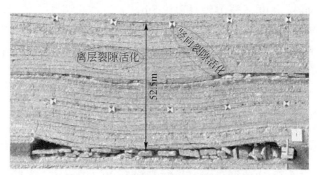

图 7.17 2^{-2} 煤层老顶第二次周期垮落

（4）二次充分采动。工作面推进到 130m 时，顶板第 3 次周期性垮落，垮落步距 20m，垮落带高度达到 63m，间隔层顶板和 1^{-2} 煤层垮落顶板出现第 2 次周期性垮落，裂隙带发育至地表，2^{-2} 煤层工作面充分采动，如图 7.18 所示。此刻，地表弯曲下沉带整体下沉，离层闭合，2^{-2} 煤层工作面处于 1^{-2} 煤层工作面采空区压实区，支架动载系数为 1.4。

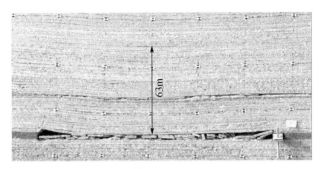

图 7.18　2^{-2} 煤层工作面第三次周期垮落

（5）二次充分采动后的裂缝发育规律。当工作面推进到 150m 时，老顶第 4 次周期性垮落，垮落步距为 20m。间隔层顶板和上煤层铰接顶板第 3 次周期性垮落，顶板垮落高度达到 64m，裂隙带高度抵达地表，工作面顶板回转角为 10°，如图 7.19 所示。

地表充分采动后，主要表现为离层裂隙减小，地表下沉量增大，1^{-2} 煤层工作面地表下沉盆地边界裂隙扩大，地表变形破坏严重。

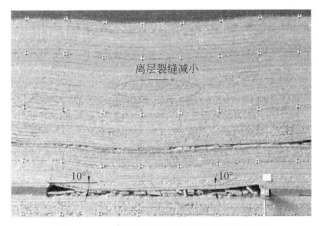

图 7.19　2^{-2} 煤层工作面第四次周期垮落

1^{-2} 煤层开采后，2^{-2} 煤层工作面开采的覆岩垮落规律如表 7.7 所示，总结如下。

表 7.7　2^{-2} 煤层工作面覆岩垮落规律

垮落次序	推进距离/m	垮落步距/m	垮落带高度/m	裂隙带高度/m	1^{-2} 煤层顶板
直接顶初次垮落	8	8	3	5	—
老顶初次垮落	65	65	21	26	—

垮落次序		推进距离/m	垮落步距/m	垮落带高度/m	裂隙带高度/m	1^{-2}煤层顶板
老顶周期性垮落	第1次	90	25	41.7	52	冒落8.7m
	第2次	110	20	52.5	63	初次活化
	第3次	130	20	63	150	第二次活化（充分采动）
	第4次	150	20	64	150	第三次活化
	第5次	163	13	66	150	—
	第6次	187	24	66	150	第四次活化
	平均	—	20	—	—	—

（1）顶板初采垮落。2^{-2}煤层工作面直接顶初次垮落步距8m，间隔层老顶初次垮落步距65m。1^{-2}煤层与2^{-2}煤层间距为35m，间隔岩层存在坚硬老顶，初次垮落步距较大。

（2）周期性垮落。2^{-2}煤层第1次周期垮落步距为25m，与1^{-2}煤层采空区铰接顶板同时垮落，造成较大周期来压。间隔层破断后，顶板周期性垮落步距为13～25m，平均20m。

（3）顶板垮落角。2^{-2}煤层工作面采空区两侧覆岩垮落角为50°左右。

（4）充分采动距离。工作面充分采动距离与1^{-2}煤层类似，为130m。

（5）顶板垮落高度。受1^{-2}煤层开采的影响，2^{-2}煤层工作面间隔层老顶破断后，顶板垮落带高度和裂隙带高度增大，直接顶初次垮落高度3m，老顶初次垮落高度21m。工作面推进到90m时，间隔层垮透，垮落高度47m。工作面推进到120m时，垮落高度抵达土层，裂隙带抵达地表，如图7.20所示。

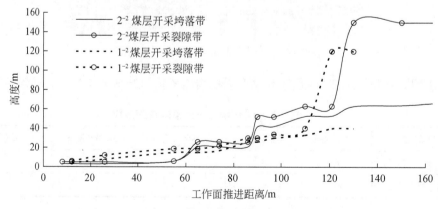

图7.20　2^{-2}煤层工作面垮落带高度

4.近距离煤层（3^{-1}煤层）覆岩双关键层结构与来压特征

3^{-1}煤层与2^{-2}煤层间隔33.7m，采高2.8m，间采比12.0，属于可形成双关键层结构的近距离煤层群。在1^{-2}和2^{-2}煤层采空区下，3^{-1}煤层开采的覆岩垮落规律如下。

（1）直接顶初次垮落。受上部煤层开采卸压的影响，3^{-1}煤层工作面顶板垮落步距增大。工作面推进20m后，直接顶初次垮落，高度3m，裂隙带高度6m，如图7.21所示。

（2）老顶初次垮落。工作面推进到60m后，间隔层老顶下位关键层初次垮落，垮落高度13m，裂隙带高度18m，顶板初次来压，如图7.22所示。

图7.21　3^{-1}煤层直接顶初次垮落　　　　图7.22　3^{-1}煤层老顶下位关键层初次垮落

（3）老顶单一关键层周期性垮落。工作面推进到76m时，老顶下位关键层第1次周期性垮落，垮落步距16m，垮落高度18m，如图7.23所示。

（4）老顶双关键层周期性垮落。工作面推进到84m时，间隔层顶板充分破断，岩层破断角50°。间隔层老顶双关键层同时垮落，即老顶第2次周期性垮落，垮落步距（16m+8m）24m，岩层移动波及1^{-2}煤层顶板，裂隙带高度70m，如图7.24所示。

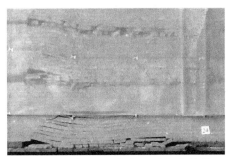 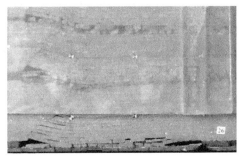

图7.23　3^{-1}煤层顶板第1次周期垮落　　　　图7.24　3^{-1}煤层间隔层顶板大周期垮落

当3^{-1}煤层工作面推进到128m时，顶板垮落移动波及地表，达到充分采动。此时，1^{-2}煤层和2^{-2}煤层边界裂隙活化、扩大，采空区顶板岩层离层裂隙闭合，形成下沉盆地,如图 7.25 所示。此后,周期垮落步距基本为 24m。3^{-1} 煤层开采后,覆岩垮落带和裂隙带发育规律如表 7.8 所示。

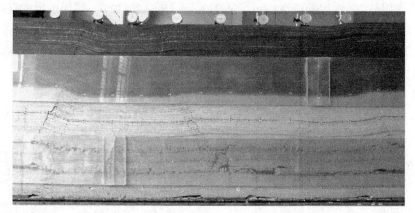

图 7.25　3^{-1} 煤层工作面间边界裂缝扩大离层裂隙闭合形成地表下沉盆地

表 7.8　3^{-1} 煤层覆岩垮落规律

垮落次序		工作面推进距离/m	垮落步距/m	垮落带高度/m	裂隙带高度/m
直接顶初次垮落		20	20	3	6
老顶初次垮落		60	60	13	18
老顶周期性跨落	第 1 次	76	16	18	35
	第 2 次	84	24	35	70
	第 3 次	108(充分采动)	24	70	190
	第 4 次	132	24	70	190
	第 5 次	156	24	35	190

综上所述,3^{-1} 煤层开采覆岩垮落规律总结如下:①直接顶初次垮落步距 20m,垮落高度 3m,裂隙带发育高度 6m。②老顶初次垮落步距 60m,垮落高度 13m,裂隙带发育高度 18m。③老顶周期垮落步距 16～24m,小周期 8m,大周期 24m。④间隔岩层充分垮落步距 84m,垮落高度 35m,裂隙带高度 70m。⑤工作面充分采动 108m,垮落高度 70m,裂隙带抵达地表。

5. 浅埋近距离煤层群开采覆岩垮落规律

三个煤层工作面顶板垮落步距汇总如表 7.9 所示,覆岩垮落高度如图 7.26 所示。直接顶初次垮落步距 8～20m,平均 13m;老顶初次垮落步距 53～65m,平均 59m。充分采动距离为 120m 左右。岩层破断和垮落角为 50° 左右。

表 7.9　三个煤层开采的覆岩垮落步距对比

参数	1^{-2}煤层工作面	2^{-2}煤层工作面	3^{-1}煤层工作面
直接顶初次垮落步距/m	12	8	20
老顶初次垮落步距/m	53	65	60
老顶周期垮落步距/m	13	20	24
充分采动距离/m	121	130	108
地表下沉系数	0.85	0.79	1.2

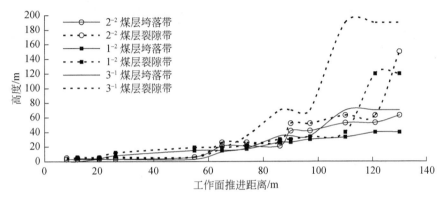

图 7.26　3 个煤层开采的覆岩垮落带和裂隙带发育对比

6. 浅埋煤层群覆岩结构特征

（1）浅埋极近距离煤层群。煤层间距小，间隔岩层仅为直接顶，无老顶关键层，不能形成铰接结构，其矿压特征为：①间隔层随采随垮，表现为直接顶作用；②工作面周期来压动载不明显；③受上煤层垮落顶板影响，来压存在分区现象。

（2）浅埋单关键层近距离煤层群。煤层间岩层可形成单一关键层结构，表现为典型浅埋煤层的矿压特点。矿压特征为：①层间关键层周期性破断形成台阶岩梁结构；②工作面来压动载系数较大。

（3）浅埋双关键层近距离煤层群。煤层层间距较大，层间岩层可形成双关键层结构，表现为近浅埋煤层的矿压特点。矿压特征为：①层间双关键层结构呈现单独或共同垮落特征；②工作面存在大小周期来压现象，下位关键层垮落引起小周期来压，双关键层整体垮落导致工作面的大周期强烈来压。

7.2　浅埋极近距离煤层顶板结构分析

浅埋极近距离煤层开采条件下，上煤层开采后，下煤层开采的顶板结构为上煤层垮落顶板活化结构。通过建立顶板活化结构模型，确定合理的支护阻力，为此类浅埋近距离煤层开采的顶板控制提供依据。

7.2.1　顶板活化结构模型

　　工作面支架支护阻力按照顶板结构运动最危险状态确定。根据物理模拟，极近距离浅埋煤层群下煤层间隔层顶板随采随垮，间隔层整体表现为直接顶作用，顶板来压主要受上煤层垮落顶板活化结构的影响，下煤层工作面存在来压分区。

　　工作面处于沉降压实段时，垮落顶板二次采动后活化，形成"斜柱条岩梁"结构，该结构上部垮落岩层的回转角小，可形成高位砌体梁结构，构成该结构的载荷层。此刻支架载荷最大，导致大周期来压，建立顶板"斜柱条岩梁"结构力学模型如图 7.27 所示。

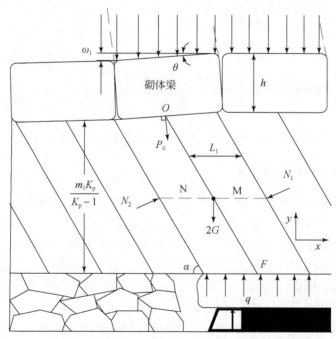

图 7.27　极近距离下煤层顶板"斜柱条岩梁"结构

ω_1-砌体梁块的下沉量，m；θ-下煤层采动砌体梁块回转角，（°）；h-砌体梁岩块厚度，m；P_0-砌体梁结构传递载荷，kN/m；L_1-斜柱条岩梁断裂步距，m；N_1、N_2-前、后方斜柱条岩梁作用力，kN/m；m_1-上煤层采高，m；K_p-岩石碎胀系数；G-一个步距"斜柱条岩梁"的自重，kN/m；α-"斜柱条岩梁区"与水平方向的夹角，（°）；q-间隔层对上覆结构的反作用应力，kN/m²

7.2.2　工作面支护阻力的确定

　　以图 7.27 中 M、N 为对象进行分析，取 $\sum F_x=0$，$\sum M_O=0$，$\sum M_F=0$，可得

$$P_0\sin\theta + N_2\sin\alpha = N_1\sin\alpha \tag{7.1}$$

$$\frac{2Gm_1K_p}{2(K_p-1)\tan\alpha} + N_1\left[\frac{m_1K_p}{2(K_p-1)\sin\alpha} + L_1\cos\alpha\right]$$

$$= N_2\left[\frac{m_1K_p}{2(K_p-1)\sin\alpha} - L_1\cos\alpha\right] + 2qL_1\frac{m_1K_p}{(K_p-1)\tan\alpha} \tag{7.2}$$

$$\frac{2Gm_1K_p}{2(K_p-1)\tan\alpha} + N_1\left[\frac{m_1K_p}{2(K_p-1)\sin\alpha} - L_1\cos\alpha\right] + P_0\frac{m_1K_p\cos(\alpha+\theta)}{(K_p-1)\sin\alpha}$$

$$= N_2\left[\frac{m_1K_p}{2(K_p-1)\sin\alpha} + L_1\cos\alpha\right] \tag{7.3}$$

其中，一个步距斜柱条岩梁的自重为

$$G = bL_1\frac{m_1K_p}{(K_p-1)}\rho_x g \tag{7.4}$$

根据几何关系，有

$$\sin\theta = \frac{\omega_1}{2L_1}$$

$$\omega_1 = m_2 - (K_p-1)\sum h \tag{7.5}$$

式中，$\rho_x g$ 为斜柱条岩梁区岩块容重，kN/m^3；m_2 为下煤层采高，m；$\sum h$ 为间隔层（直接顶）厚度，m。

石切体梁块及其上覆载荷为

$$P_0 = P_G + Q \tag{7.6}$$

$$P_G = 2hL_1\rho g \tag{7.7}$$

砌体梁结构下沉运动中，结构块上的载荷层形成"卸荷拱"。根据普氏理论，"卸荷拱"内岩石的重量为

$$Q = \frac{4}{3}\frac{\rho_1 gL_1^2}{f} \tag{7.8}$$

式中，Q 为"卸荷拱"内岩石的重量，kN/m；$\rho_1 g$ 为"卸荷拱"内岩块容重，kN/m^3；f 为岩石坚硬性系数；P_G 为关键块的载荷，kN/m；ρg 为砌体梁岩块容重，kN/m^3。

支架上的载荷由直接顶重量 W 和其上斜柱条梁结构载荷组成。均布载荷 q 对支架的作用至少为一个斜柱条岩梁的步距，支架的支护阻力 P 为

$$P = W + bqL_1 \tag{7.9}$$

$$W = bl_k\sum h\rho_j g \tag{7.10}$$

式中，b 为支架宽度，m；W 为间隔层的重量，kN；l_k 为支架的控顶距，m；$\rho_j g$

为间隔层直接顶容重，kN/m³。

由式（7.1）～式（7.4），解得

$$q = \frac{m_1 K_p \rho_x g}{K_p - 1} + \frac{P_0 \cos\alpha \sin(\alpha+\theta)}{L_1 \sin2\alpha} \tag{7.11}$$

由式（7.6）～式（7.11），考虑支架支护效率 μ，可得浅埋极近距离煤层群工作面合理的支护阻力为

$$P_m = \frac{b}{\mu}\left(l_k \sum h\rho_j g + qL_1\right) \tag{7.12}$$

7.2.3 实例分析

石圪台煤矿 12102 工作面开采 1^{-2} 煤，采高 2.8m，煤层倾角 1°～3°，埋深 60～70m。其上部 1^{-2} 煤层 101 工作面采高 2.0m，与 1^{-2} 煤层间距为 4.0m。12102 工作面采用 DBT8824/17/35 二柱掩护式液压支架，液压支架技术特征如表 7.10 所示。间采比 $G=2.2$，属煤层间无关键层的浅埋极近距离煤层群。

表 7.10 12102 工作面液压支架技术特征

项目	支撑高度/mm	支架中心距/mm	移架步距/mm	工作阻力/(kN/架)	支护强度/MPa	初撑力/(kN/架)	安全阀开启压力/MPa	泵站压力/MPa	生产厂家
参数	1700～3500	1750	865	8824	0.99～1.03	5890	46.2	31.5	DBT

相关计算参数为 $m_1=2.0$m；$m_2=2.8$m；$\sum h=4$m；$\rho_x g=22$kN/m³；$L_1=12$m；$K_p=1.3$；$h=5$m；$\rho g=\rho_1 g=\rho_j g=25$kN/m³；$b=1.75$m；$l_k=5$m；$\alpha=56°$；$f=4$。根据式（7.5），$\sin\theta=0.052$，则 $\theta=2.96°$。将上述参数代入式（7.12），取支护效率 $\mu=0.9$，可得

$$P_m = \frac{1.75}{0.9} \times 4756 = 9247.7(\text{kN})$$

根据 12102 工作面开采实践，处于上煤层采空区下的 124# 支架来压期间循环末阻力最大为 8900kN/架，理论计算的合理支护阻力为 9247.7kN/架，与实际结果基本相符。

7.3 浅埋单关键层近距离煤层顶板结构分析

浅埋单关键层近距离煤层开采，间隔岩层可形成单一关键层结构，其矿压特征类似于典型的浅埋煤层。通过建立单关键层顶板结构模型，确定合理的支护阻力，为此类浅埋近距离煤层开采的顶板控制提供了依据。

7.3.1 单关键层顶板结构模型

根据浅埋近距离煤层群分类条件，下煤层间隔岩层顶板为单一关键层结构，借鉴典型浅埋煤层顶板结构理论，层间单一关键层破断形成"台阶岩梁"结构。上煤层垮落顶板简化为均布载荷作用于台阶岩梁结构，建立浅埋近距离下煤层工作面顶板结构如图 7.28 所示。

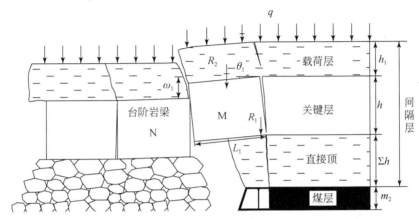

图 7.28　浅埋单关键层近距离下煤层工作面顶板结构

m_2-下煤层采高，m；$\sum h$-间隔层直接顶的厚度，m；h-层间关键层厚度，m；h_1-载荷层厚度，m；L_1-台阶岩梁关键块长度，m；R_1-台阶岩梁 M 块下滑力，kN/m；R_2-台阶岩梁 M 块的载荷层重量，kN/m；q-上煤层垮落顶板的均布载荷，kN/m²；θ_1-台阶岩梁 M 块的回转角，(°)；ω_1-台阶岩梁 N 块回转下沉量，m

7.3.2 工作面支护阻力的确定

如图 7.28 所示，支架载荷主要由直接顶重量及台阶岩梁结构施加载荷构成。支架的支护阻力为

$$P = W + bR_1 \tag{7.13}$$

$$W = bl_k \sum h\rho_j g \tag{7.14}$$

根据浅埋煤层台阶岩梁结构理论，有

$$R_1 = \left[\frac{i - \sin\theta_{1max} + \sin\theta_1 - 0.5}{i - 2\sin\theta_{1max} + \sin\theta_1} \right] P_0 \tag{7.15}$$

式中，W 为直接顶的重量，kN；$\rho_j g$ 为间隔层直接顶的容重，kN/m³；P_0 为台阶岩梁 M 块及其覆载重量，kN/m；i 为台阶岩梁块度；θ_{1max} 为台阶岩梁 M 块最大回转角，(°)。

式（7.15）中，P_0 由台阶岩梁 M 块与载荷层重量 R_2 和上煤层垮落顶板载荷 R_3 两部分组成，均布载荷 q 的确定方法可参考式（7.11）。

$$P_0 = R_2 + R_3 \tag{7.16}$$

$$R_2 = (h\rho g + h_1\rho_1 g) L_1 \tag{7.17}$$

$$R_3 = L_1 q \tag{7.18}$$

式中，ρg 为台阶岩梁岩块的容重，kN/m^3；$\rho_2 g$ 为载荷层的容重，kN/m^3。

考虑支护效率 μ，由式（7.13）～式（7.18）得到工作面合理的支护阻力为

$$P_m = \frac{b}{\mu}\left[bl_k \sum h\rho_j g + L_1 \left(\frac{i - \sin\theta_{1max} + \sin\theta_1 - 0.5}{i - 2\sin\theta_{1max} + \sin\theta_1} \right)(h\rho g + h_1\rho_1 g + q) \right]$$

$$\tag{7.19}$$

7.3.3　实例分析

大柳塔 21305 工作面开采 1^{-2} 煤层，采高平均 4.3m，倾角 0°～5°，埋深 110～117m，上部的 $1^{-2\perp}$ 煤已开采，平均采高 3.8m。层间距平均 20m，间采比 $G=4.7$，符合可形成单一关键层近距离煤层的条件。各计算参数为 $\mu=0.9$，$b=1.75m$；$l_k=5.0m$；$\sum h=11m$；$\rho_j g=23kN/m^3$；$L_1=10m$；$h=8.4m$；$i=0.84$；$\theta_1=3°$；$\theta_{1max}=6°$；$m_2=4.3m$；$h_1=1.0m$；$\rho_1 g = \rho g = 25kN/m^3$；$q=787kN/m^2$。

根据式（7.19）得

$$P_m = 10918kN$$

根据 21305 工作面开采实践，工作面选用的支架额定工作阻力为 12000kN/架，周期来压期间支架平均工作阻力 10887kN/架，最大工作阻力达 11160kN/架，支架适应性较好，理论计算与工程实践结果相符。

7.4　浅埋双关键层近距离煤层顶板结构分析

浅埋双关键层近距离煤层开采，间隔岩层双关键层的破断特征导致工作面大小周期来压现象，其矿压特征类似于近浅埋煤层开采。通过建立双关键层顶板结构模型，确定合理的支护阻力，为此类浅埋近距离煤层开采的顶板控制提供了依据。

7.4.1　双关键层顶板结构模型

对于层间具有双关键层的浅埋近距离煤层，工作面顶板下组关键层单独破断形成"台阶岩梁"结构，工作面出现小周期来压；间隔层双关键层同步破断，上组关键层形成"砌体梁"结构，工作面出现大周期来压。此类煤层的工作面支护

阻力应以控制大周期来压为准，建立浅埋近距离煤层双关键层大周期来压顶板结构模型，如图 7.29 所示。

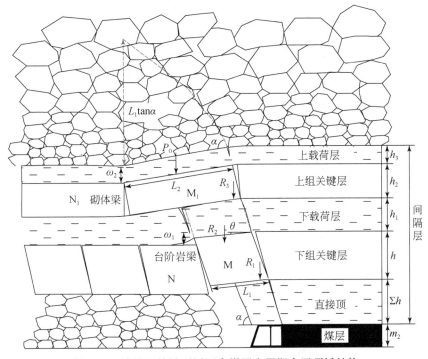

图 7.29　浅埋双关键层近距离煤层大周期来压顶板结构

P_0-砌体梁 M_1 块及覆载自重，kN/m；L_1-台阶岩梁块长度，m；L_2-砌体梁关键块长度，m；R_1-M 块下滑力，kN/m；R_2-台阶岩梁 M 块及其载荷自重，kN/m；R_3-砌体梁前铰点下滑力，kN/m；ω_1-台阶岩梁 N 块的回转下沉量，m；ω_2-N_1 块的回转下沉量，m；θ-M 块的回转角，(°)；α-岩层破断角，(°)；Σh-直接顶的厚度，m；h-下组关键层厚度，m；h_1-下载荷层厚度，m；h_2-上组关键层厚度，m；h_3-上载荷层厚度，m；m_2-下煤层采高，m

7.4.2　工作面支护阻力的确定

如图 7.29 所示，支架载荷主要由直接顶重量及下位关键层"台阶岩梁"结构载荷构成。上组关键层的影响，通过对下组关键层结构传递载荷体现。

支架的支护阻力为

$$P = W + bR_1 \tag{7.20}$$

$$W = bl_k \sum h\rho_j g \tag{7.21}$$

根据"台阶岩梁"结构，有

$$R_1 = \left[1 - \frac{\dfrac{h}{\sin\alpha}\cos(\alpha-\theta) + \dfrac{L_1}{2}\cos\theta}{\dfrac{h}{\sin\alpha}\sin(\alpha-\theta) - \omega_1 - 0.5a} \tan\varphi \right] P_1 \qquad (7.22)$$

式中，W 为直接顶的重量，kN；$\rho_j g$ 为直接顶容重，kN/m^3；a 为接触面高度，m；$\tan\varphi$ 为摩擦系数；P_1 为台阶岩梁 M 块载荷，kN/m。

P_1 由两部分载荷组成，分别是台阶岩梁 M 块与下载荷层重量 R_2，砌体梁 M$_1$ 块传递载荷 R_3。R_2 与 R_3 由下式确定：

$$P_1 = R_2 + R_3 \qquad (7.23)$$

$$R_2 = \left(h\rho_{\text{下}}g + h_1\rho_{1\text{下}}g \right) bL_1 \qquad (7.24)$$

根据砌体梁结构关键块理论，M$_1$ 块传递载荷为

$$R_3 = \left[2 + \frac{L_2\cot(\varphi+\alpha-\theta)}{2(h_2-\omega_2)} \right] P_0 \qquad (7.25)$$

式中，φ 为岩块端角摩擦角，(°)；$\rho_{\text{下}}g$ 为下组关键层容重，kN/m^3；$\rho_{1\text{下}}g$ 为载荷层容重，kN/m^3。

P_0 可根据下式确定[28]：

$$P_0 = L_2 h_2 \rho_{\text{上}}g + K_G L_2 \rho_{1\text{上}}g \left(h_3 + \frac{1}{2}L_2\tan\alpha \right) \qquad (7.26)$$

式中，$\rho_{\text{上}}g$ 为上组关键层的容重，kN/m^3；K_G 为载荷传递因子；$\rho_{1\text{上}}g$ 为上载荷层及垮落顶板的容重，kN/m^3。

关键块 N 与 N$_1$ 的回转下沉量为 $\omega_1 \approx \omega_2 = m_2 - (K_p-1)\sum h$，取 $K_p = 1.3$，回转角 θ 与挤压面高度忽略不计。考虑支护效率 μ，由式（7.20）～式（7.26）得到工作面大周期来压的支护阻力为

$$P_m = \frac{b}{\mu}\left\{ l_k\sum h\rho_j g + \left(1 - \frac{0.5h\cot\alpha + 0.25L_1}{h - m_2 + 0.3\sum h} \right) \left[\left(h\rho_{\text{下}}g + h_1\rho_{1\text{下}}g \right)L_1 + 2P_0 + \frac{L_2\cot(\varphi+\alpha)}{2(h_2 - m_2 + 0.3\sum h)}P_0 \right] \right\}$$
$$(7.27)$$

7.4.3　实例分析

柠条塔 N1200 工作面开采 2^{-2} 煤层，采高 5.9m，埋深平均 102m，位于其上部 1^{-2} 煤层的 N1106 工作面已开采成为采空区，层间距平均 39m，间采比 G=6.6（按照经验公式计算双关键层条件为 $G \approx 6.9$），符合层间具有双关键层的浅埋近距离煤层开采条件。各计算参数为 μ=0.9，b=1.75m；l_k=5.0m；$\sum h$=5.9m；$\rho_{1\text{上}}g = \rho_{1\text{下}}g$ =22kN/m^3；h=12m；α=60°；L_1=12m；m_2=5.9m；h_1=2.0m；$\rho_{\text{上}}g = \rho_{\text{下}}g$=25kN/m^3；$L_2$=24m；$\varphi$=27°；$h_2$=18m；$K_G$=0.4；$h_3$=0.8m。

根据式（7.27）得

$$P_{\mathrm{m}} = 13810\mathrm{kN}$$

根据 N1200 工作面开采实践，大周期来压工作面支架最大工作阻力达 13872kN/架，来压时煤壁片帮，活柱下缩，安全阀开启。工作面选用的额定工作阻力为 12000kN/架，无法满足支护要求。理论计算结果与实测吻合，验证了可靠性。

7.5 本 章 小 结

通过对浅埋煤层群矿压实测统计分析和顶板结构物理模拟，以间隔层关键层和间采比为指标，提出了浅埋近距离煤层群分类，建立了各类型的顶板结构模型，给出了工作面合理支护阻力的确定方法，主要结论如下。

（1）间采比 G 是影响浅埋煤层群矿压特征的关键指标，基于岩层控制可分为三类：Ⅰ类为浅埋极近距离煤层群，Ⅱ类为浅埋单关键层近距离煤层群，Ⅲ类为浅埋双关键层近距离煤层群。

（2）浅埋极近距离煤层群。该煤层群层间无关键层，层间距小，间采比 G 一般小于 3.3。间隔层表现为直接顶作用，受上煤层垮落顶板结构影响，存在大小来压分区。上煤层采空区垮落顶板，分为初采阶段的"自由冒落区"和正常开采阶段的"斜柱条岩梁区"，工作面处于斜柱条岩梁区时来压较明显。

（3）浅埋单关键层近距离煤层群。该煤层群间隔层可形成单一关键层台阶岩梁结构，间采比一般为 3.3～7.3，表现为典型浅埋煤层矿压特征，工作面来压动载系数较大。

（4）浅埋双关键层近距离煤层群。该煤层群层间距较大，层间具有双关键层，形成下部"台阶岩梁"和上部"砌体梁"双关键层结构，工作面存在大小周期来压。双关键层的下组关键层回转运动引起小周期来压，双关键层同时回转运动导致工作面大周期来压。

（5）按照三类浅埋近距离煤层群顶板结构模型，可以确定合理的工作面支护阻力。

第8章 浅埋煤层保水开采岩层控制

我国西部浅埋煤层保水开采的核心理念是保护生态水位[29]，保水开采岩层控制的理论基础是隔水层的稳定性。基于陕北浅埋煤层煤水赋存条件，本书开发了固液耦合物理相似模拟技术，揭示了浅埋煤层隔水岩组的稳定性主要受"上行裂隙"和"下行裂隙"影响，采动裂隙带的导通性决定着隔水岩组的隔水性[30,31]。给出了"上行裂隙带"发育高度和"下行裂隙带"发育深度的计算公式，建立了以隔水岩组厚度与采高之比（隔采比）为指标的隔水岩组隔水性判据，提出了保水开采分类方法，基于神府矿区条件给出了分类指标范围[32,33]。针对特殊保水开采条件，建立了条带充填隔水层稳定性判据，提出了合理充填条带宽度和间隔宽度计算方法[34,35]，为浅埋煤层保水开采提供了理论依据。

8.1 概　　述

我国西部毛乌素沙漠边缘的神府煤田煤炭储量丰富，仅陕西境内的储量就达 2.4×10^{11}t，被列为世界七大煤田之一。神府矿区煤层埋深 40～580m，初期开发的煤层埋深一般在 200m 以内，属于浅埋煤层。浅埋煤层开采裂隙带导通、贯穿含水层或地表水体，引起隔水层失稳，大量的地下水流失，对生态造成了严重破坏。目前，神府矿区正在大规模开发，2015 年核定生产能力已经达到 3.49×10^8t/a，采煤与保水并举成为浅埋煤层岩层控制的重要课题。

神府矿区可采煤层和局部可采煤层共 12 层，全区储量最大的主采煤层是 2^{-2} 煤层，位于煤系顶部，煤层倾角近水平。根据煤层覆岩组成情况，覆岩组合类型可以划分为三类：①沙土层-土层-风化层-基岩层类型，占全区的 65%，主要分布于榆神矿区；②沙土层-风化层-基岩层类型，占全区的 20%，主要分布于神北矿区；③土层-风化层-基岩层类型，占全区的 15%，主要分布于新民矿区。其中，沙土层包括风积沙及萨拉乌苏组，厚度一般在 10m 以内。沙土层含有潜水，水位埋深为 0.9～9.27m，是矿区主要含水层，该含水层的潜水是地表植被赖以生存和人民生活用水的宝贵水源。土层指离石黄土及三趾马红土，厚度一般为 20～80m，是良好的隔水层。风化层指基岩顶面风化带，一般厚度为 20～25m，为弱含水层。基岩层为主采煤层上覆未风化基岩，主要由砂岩构成，厚度变化较大，一般为 30～380m，与土层共同构成隔水岩组。

我国学者钱鸣高院士于 2003 年提出了绿色开采技术方向，保水开采是其重要技术途径；2007 年又提出了科学采矿思想，强调了提高回收率和保护环境是科学采矿的重要指标。王双明等提出，陕北神府煤田的保水开采重点是保护地表生态水位不下降，关键是确保采动过程中隔水层的隔水性[29]。神府煤田的煤水地质特征是"水在上，煤在下"，煤层覆岩由基岩和黏土层组成，共同构成隔水岩组。掌握采动顶板裂隙发育规律，揭示隔水岩组的稳定性是浅埋煤层保水开采岩层控制的核心；根据隔水岩组的稳定性进行保水开采分类控制，是实现神府煤田可持续发展的科学途径。

本章以神府矿区浅埋煤层地层条件为工程背景，采用应力应变全程相似和水理性相似固液耦合模拟技术，揭示了浅埋煤层采动覆岩裂隙发育规律，确定了"上行裂隙"和"下行裂隙"的计算方法；建立了以"下行裂隙"和"上行裂隙"为主要指标的隔水层稳定性判据，提出了以隔水岩组厚度与采高比（隔采比）为指标的保水开采分类方法；最后，针对条带充填特殊保水开采条件，建立了条带充填隔水层稳定性判据，提出了合理充填条带宽度和间隔宽度计算方法。总体上，系统地形成了浅埋煤层保水开采岩层控制基本理论。

8.2　固液耦合相似模拟技术

隔水层的采动稳定性模拟是开展煤层采动水土流失规律和保水开采控制研究的关键，隔水层相似材料的研制与配比变化规律研究是隔水层稳定性模拟的基础和前提。在"固—液"两相介质条件下，准确模拟黏土隔水层的塑性和水理性是保水开采研究的关键，也是尚待攻克的技术难题。研究"固—液"耦合相似模拟技术，实现应力—应变全程相似和水理性相似，对保水开采研究具有重要价值。

8.2.1　高精度固液气三相介质实验装置

1. 实验装置的系统及模拟实验架

"固、液、气"三相介质模拟实验装置，主要为模拟实验架、供气和供液系统，控制系统三个部分组成。其中，模拟实验架为主体部分，主要涉及以下关键技术。

（1）模型的封闭性。整个模型外部是封闭的，实验液体或气体不能外泄；模型框架内也要具有"封闭性"，即随开采过程模拟岩层的运动，其与框架边缘不能形成非原型规律的渗流通道。

（2）气体、液体运动的可视性。液压渗流、气体运移在模型的主要面能看到，以便得到定性认识。模型的两个主平面是透明的，气体、液体是有色的。

基于上述关键技术，构建的"固、液、气"三相介质模拟实验架如图 8.1 所示，其由以下部分组成。

（1）底座。底座由 δ18mm 钢板焊制。含轴承一套，调节角度涡轮组及移动可调轮组。

（2）主体框架。主体框架由 20B 型槽钢制作。顶部开有 1200mm×120mm 装填孔，底部有轴承与底座连接。框架左侧安装三个可调节角度开采组件，右侧安装四个气、水组件（其中含气、水管、压力表及阀门）。框架整体镀锌，要求框架整体气密性在 0.4kg/cm^2 的压力下 8 小时泄压不得超过 5%。

（3）侧护板。侧护板由 δ（15.0～20.0）mm 玻璃四边打磨而成。

（4）开采组件。开发组件密封性在 4kPa 下 8h 泄压不超过 5%，模型角度可在 0°～30°调节。

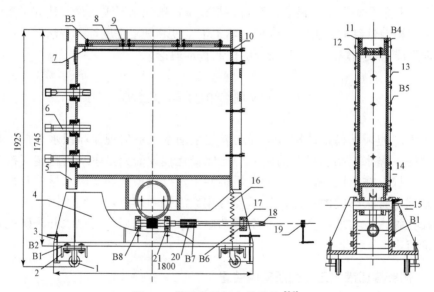

图 8.1　模拟实验架主体结构[36]

1-角轮；2-槽形横梁；3-地脚螺杆；4-底架；5-框架；6-万向胶管；7-挂钩 Φ（4×50）；8-盖板；9-橡胶条；10-气夜管件；11-压板；12-垫板；13-玻璃；14-涡轮；15-蜗杆；16-弹簧；17-轴承座；18-转轴；19-手摇把；20-联轴套；21-支撑板；B1 螺栓 1；B2-螺母 1；B3-螺栓 2；B4-螺钉 1；B5-螺栓 3；B6-滚动轴承；B7-键 1；B8-滚动轴承

2.供液、供气及计算机压力控制系统

本系统选用工控机作为控制主机，利用组态软件制作出色彩丰富、简明友好的人机界面，两路供水控制信号，两路供气控制信号，控制高精度 PID 比例调节阀和动态调节水气压力。压力传感器将四路反馈信号送回工控机，与控制波形做比较形成闭环控制回路，从而达到精确控制压力的目的。控制系统主要由工控机及控制阀构成，控制部件采用 12 位 A/D、D/A 卡，德国宝德高精度压力传感器，PID 比例调节阀、手动阀和溢流阀。供液和供气系统采用上海开利清水泵、劲霸空压机、不锈钢供水箱及高压管等。建成的"固、液、气"三相介质模拟实验装置，主体模拟实验架（含供气系统）如图 8.2 所示，供液系统如图 8.3 所示，控制台如图 8.4 所示。

图 8.2　主体模拟实验架及供气系统

图 8.3　供液系统

图 8.4　控制台

8.2.2　隔水层物理性质及应力应变全程曲线测定

研究区地表潜水层下普遍赋存有三趾马黏土隔水层，该隔水层的稳定性是决定地表潜水是否流失的关键。研究涉及固液两相介质，而目前固体介质的相似模拟主要是脆性材料的模拟，类似具有明显塑性变形和水理性的黏土隔水层的模拟技术，尚属于采矿模拟实验技术的前沿课题。

开发隔水层模拟技术，研究浅埋煤层地表黏土隔水层的采动稳定性，是揭示潜水流失机理的关键，是保水开采控制研究的基础，具有重大的理论和实践意义。

1. 隔水层的物理性质

隔水层的性质决定着保水开采的可能性。隔水层由萨拉乌苏组底部离石黄土和三趾马红土组成，其各项物理特性指标如表 8.1 和表 8.2 所示。可见，土层具有明显的塑性变形性质，是良好的隔水层。

表 8.1　黏土层基本物理力学性质指标

岩性	物理性质					力学性质				
	含水率 /%	密度 /（t/m³）	比重	孔隙比	孔隙度 /%	黏聚力 /kPa	内摩擦角 /（°）	压缩系数 /MPa⁻¹	压缩模量 /MPa	抗压强度 /kPa
离石黄土	11.9～17.3	1.63～1.86	2.69～2.71	0.62～0.88	38.3～46.9	38～101	27.9～33.8	0.08～0.25	7～22.1	119～159
三趾马红土	17.4～18.7	1.84～1.87	2.71～2.72	0.72	41～42	76～96	28.2～32.9	0.08～0.25	15.5～28.3	182～212

表 8.2　黏土层的水理性质指标

岩性	液限/%	塑限/%	塑性指数	液性指数	渗透系数 /（m/d）	饱和度/%	湿陷系数	自由膨胀率/%
离石黄土	22.9～31.8	16.9～18.7	7.9～13.1	<0	0.0976～1.5	41.1～65.6	0～0.0055	—
三趾马红土	33.2～36.2	21.1～26.7	7.7～12.1	0～0.09	0.00596～0.6	65～70	—	2.65～26

2. 黏土隔水层的应力应变全程曲线

实验采用 TSZ-6A 型应变控制式三轴仪，土样试件为圆柱形，红土试样高 120mm，直径 60mm，含水率 15.4%，黄土试样高 120mm，直径 62.5mm，含水率 12.5%。

红土试样受压后先在上部出现腰鼓，随后试样很快达到峰值，腰鼓逐渐明显，直至产生剪切破坏（夹角 45°～60°），见图 8.5。黄土试样先出现腰鼓但不明显，随后达到峰值，剪切面夹角 30°，见图 8.6。

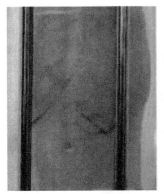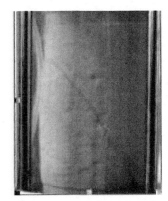

图 8.5　红土试样实验现象　　　　　　　图 8.6　黄土试样实验现象

（1）红土隔水层试样的应力应变全程曲线可分为 5 个阶段：①压密段，它是由于试样中的原生微裂隙压密而造成；②弹性段，此范围内应力应变呈线性关系；③屈服阶段，为试样中微裂隙开始产生、扩展和累积的阶段；④应变软化段，在峰值后试样发生应变软化，形成的裂隙贯穿形成破坏面；⑤塑性流变阶段，此时试样已完全破坏。红土试样的典型曲线如图 8.7 所示。

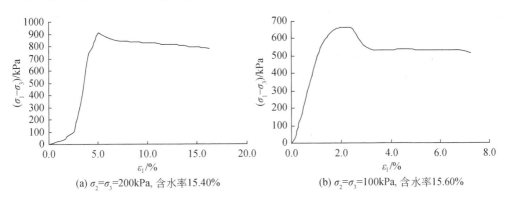

(a) $\sigma_2=\sigma_3=200\text{kPa}$，含水率15.40%　　　　　(b) $\sigma_2=\sigma_3=100\text{kPa}$，含水率15.60%

图 8.7　红土试样应力应变全程曲线

（2）黄土隔水层试样的应力应变全程曲线（可分为 3 个阶段）。①弹性段：压实段不明显，试样直接进入弹性段；②屈服—峰值段：屈服和峰值阶段较宽，并平滑地进入塑性软化阶段；③塑性软化段：没有明显的软化，呈现持续缓慢的软化现象（图 8.8）。

应力最大值为 814.5kPa，弹性模量为 16.29MPa，塑性特征参量 α 为 1.17MPa。

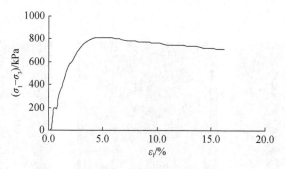

图 8.8　黄土应力应变全程曲线

$\sigma_2 = \sigma_3 = 200\text{kPa}$，含水率12.50%

3. 隔水层应力应变全程相似条件的建立

陕北浅埋煤层开采造成环境恶化，其根源在于采动引起的隔水层失稳，造成潜水流失。因此，研究隔水层的稳定性是关键。目前主要研究方法有现场实测、物理模拟和数值计算等。现场实测受到各种条件限制，难以揭示其机理，而数值计算并不适用于非连续大变形开采模拟，物理相似模拟技术就成为主要研究手段。

隔水层的塑性变形对隔水层稳定性具有重要影响，模拟隔水层塑性变形是隔水层相似模拟的关键。特别是应力峰值后的变形特性模拟，即应力—应变的全程仿真模拟，以及固液耦合模拟，都需要对传统模拟方法进行突破和创新。国内外在此方面尚没有成熟的技术，隔水层应力应变全程模拟属于实验研究的前沿课题。

8.2.3　隔水层的水理性和应力应变全程相似条件的建立

在进行基岩和隔水层相似模拟实验设计时，应根据所研究对象的特殊性确定其相似条件，即原型和模型有关参数间应满足的相似关系。

1. 常规相似条件

（1）应力—应变关系。

$$\frac{\alpha_\sigma}{\alpha_l \alpha_\gamma} = 1, \quad \alpha_E = \alpha_\sigma$$

式中，α_E 为弹性相似常数；α_σ 为应力相似常数。

（2）强度相似关系。

$$\alpha_C = \frac{C_\text{p}}{C_\text{m}}, \quad \alpha_\phi = \frac{\phi_\text{p}}{\phi_\text{m}}$$

式中，α_C 为黏聚强度相似常数；α_ϕ 为内摩擦角相似常数。

（3）动力学相似关系。

$$\frac{\sigma_{\text{p}}}{\gamma_{\text{p}} l_{\text{p}}} = \frac{\sigma_{\text{m}}}{\gamma_{\text{m}} l_{\text{m}}}$$

式中，γ_{p} 为原型材料的容重，N/m^3；γ_{m} 为模型材料的容重，N/m^3。

（4）制约关系。

$$[\sigma_C]_{\text{m}} = \frac{l_{\text{m}}}{l_{\text{p}}} \cdot \frac{\gamma_{\text{m}}}{\gamma_{\text{p}}} \cdot [\sigma_C]_{\text{p}}$$

$$[\sigma_t]_{\text{m}} = \frac{l_{\text{m}}}{l_{\text{p}}} \cdot \frac{\gamma_{\text{m}}}{\gamma_{\text{p}}} \cdot [\sigma_t]_{\text{p}}$$

同样，黏聚强度 C 与 σ 是同量纲的，因此可按类似的公式换算，即

$$[C]_{\text{m}} = \frac{l_{\text{m}}}{l_{\text{p}}} \cdot \frac{\gamma_{\text{m}}}{\gamma_{\text{p}}} \cdot [C]_{\text{p}}$$

摩擦角是无量纲的，所以在模型与原型中 $\alpha_\phi=1$，即

$$\phi_{\text{m}} = \phi_{\text{p}}$$

（5）时间、初始及边界条件相似。时间相似常数 α_t 与几何相似常数 α_l 间的关系为

$$\alpha_t = \sqrt{\alpha_l}$$

2. 塑性和水理性相似条件的建立

隔水层的塑性和水理性相似条件是隔水层稳定性研究的关键因素，目前尚无这方面的系统研究，需要创立新的相似条件。

1）塑性特征参量

选择材料屈服并达到峰值强度后的单位应力下降的变形能力来表达材料塑性段的应力应变特征，即塑性的相似特征参量：

$$\alpha = \frac{\sigma_t - \sigma_C}{\varepsilon_C - \varepsilon_t} \tag{8.1}$$

式中，σ_t 为峰值强度；σ_C 为残余强度；ε_t 为峰值强度时的应变量；ε_C 为材料残余强度时的应变量。

2）水理性特征参数

选择吸水率、渗透指数以及膨胀率作为表征材料水理性的相似指标。

亲水性：用吸水率 a 表征。材料亲水性越强，在相同时间内其吸水比越大。

$$a = \frac{\Delta m_{\text{w}}}{m_0} \times 100\% \tag{8.2}$$

式中，Δm_{w} 为见水后试件质量的增量，kg；m_0 为试件干质量，kg。

隔水性：采用渗透指数 v 表征。渗透指数越大，隔水性越弱。

$$v = \frac{l}{t} \tag{8.3}$$

式中，l 为水浸入的轴向长度，mm；t 为观测时间，h。

弥合性：采用材料的遇水膨胀率 V_h 表征。

$$V_h = \frac{\Delta V_w}{V_0} \times 100\% \tag{8.4}$$

式中，ΔV_w 为见水试件的体积增大量，m^3；V_0 为时间原始体积，m^3。

8.2.4　隔水层相似材料及其配比的研制

采动隔水层稳定性模拟中，基岩可采用传统的模拟材料和方法，隔水层的相似材料必须开发新的配比。根据"固—液"两相实验的特殊要求，隔水层相似材料必须具有低强度、低弹模和强塑性的特点，还要具备弥合性和亲水性等特点。

1. 隔水层相似材料骨料的确定

鉴于隔水层的黏土矿物含量高，具有使开采形成的裂隙易于迅速闭合及隔水的特性，应选择具有低渗透性、强膨胀性特征的黏土作为骨料组分。膨润土有明显的三个特性：①低渗透性、低扩散性；②强吸附性、强离子交换能力；③强膨胀性、强自封闭性和强自愈合能力。因此，确定膨润土为要选取的黏土材料。砂与黏土作为充填材料能较好地配制出低强度的相似材料，初步确定骨料材料为砂与黏土。

2. 隔水层相似材料的胶结材料

隔水层相似材料应具有非亲水、低渗透性和塑性变形的特征。其选取以下胶结材料。

（1）硅油。其是无色无味的矿物油混合物，具有较大黏度，良好的封闭性和油溶性质。

（2）水玻璃。其是黏稠液体，溶液水解呈碱性，用作胶结剂。在硬化后，其主要成分为二氧化硅凝胶和氧化硅，有较高黏结力和强度，可提高材料抗渗性、耐水性。

（3）凡士林。其为白色和淡黄色均匀膏状物，主要为 C16～C32 的高碳烷烃和高碳烯烃的混合物。凡士林具有无味、无臭、粘附性好、价格低廉、亲油性、高密度、极具防水性及不易和水混合等特点。

3. 胶结材料配比性能的正交实验

由于实验的影响因子多，借助正交法原理进行实验设计，优选相似材料及其配比。选择硅油、水玻璃和凡士林这三种胶结剂作为影响模拟材料塑性和亲水性的三个因素，以表征试件的变形能力的杨氏模量 E 和渗透性 v 作为实验的指标。实验结果如表 8.3 所示，得到以下认识：①凡士林对模拟材料的塑性影响最大，硅油次之；②硅油对材料的渗透性能影响最大，凡士林次之；③水玻璃导致相似材料杨氏模量增大，首先排除；④选择硅油与凡士林组合可满足力学与亲水性。

表 8.3　正交实验结果

项目	序号	因素			结果		
		A 硅油	B 水玻璃	C 凡士林	E/MPa	V/（mm/h）	综合评分
试验号	1	1（10）	1（5）	3（10）	0.198	1	0.599
	2	1	2（10）	1（0）	0.675	1.3	0.988
	3	1	3（15）	2（5）	0.393	0.93	0.662
	4	2（15）	1	2	0.705	2	1.353
	5	2	2	3	0.447	1.2	0.824
	6	2	3	1	0.710	2.3	1.505
	7	3（20）	1	1	0.599	1.5	1.05
	8	3	2	2	0.432	1	0.716
	9	3	3	3	0.467	0.62	0.544
弹性模量 E	K_1	1.266	1.502	1.984			
	K_2	1.862	1.554	1.530			
	K_3	1.498	1.570	1.112			
	R	0.596	0.068	0.872			
渗透指数 v	K_1	3.23	4.50	5.10			
	K_2	5.50	3.50	3.93			
	K_3	3.12	3.85	2.82			
	R	2.38	1.00	2.28			
综合评分	K_1	2.249	3.452	3.543			
	K_2	3.682	2.528	2.731			
	K_3	2.310	2.711	1.967			
	R	1.433	0.741	1.576			

注：K_i 表示第 i 个因素位级数相同的各次实验结果的总和；R 表示因素对指标作用的显著性。

8.2.5　隔水黏土层相似材料配比性能

1. 强度与弹模的模拟

不同的砂土比（质量比）条件下的强度变化如图 8.9 所示。

（1）砂土比大于 1∶1 时，试件的强度随着的砂土比的减小大幅度增大，具有脆性。

（2）砂土比为 1：1 时，材料强度基本达到极大值，砂和土胶结充分，但塑性体现弱。

（3）砂土比小于 1：1 后，随着砂土比的减小，材料的强度逐渐降低，且随着骨胶比的减小，材料强度也不断下降。

（4）随着砂土比的降低，试件强度向低强度发展，如图 8.10 所示。砂土比小于 1：2 时，相似材料表现出明显的峰后塑性特性。随着砂土比、骨胶比（骨料：胶结剂）和硅凡比（硅油：凡士林）的不同，可以模拟不同的强度和变形性质，实现黏土隔水层所需要相似特性。

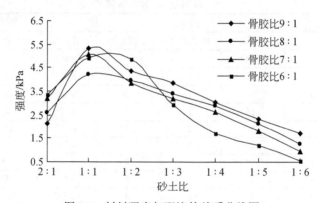

图 8.9　材料强度与配比的关系曲线图

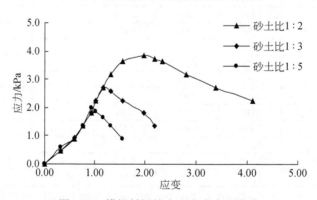

图 8.10　模拟材料的应力应变全程曲线

2. 塑性性质的模拟

模拟黏土隔水层的塑性性质是开展浅埋煤层采动地表隔水层稳定性的关键，也是实施保水开采的研究基础。塑性的相似特征参量见式（8.1）。

实验发现，材料的塑性由骨料、胶结剂的组成决定（图 8.11）。

（1）试件塑性均随着骨胶比的加大而增强，随凡士林含量增大峰后曲线下降明显。

（2）试件塑性均随着砂土比的减小明显增强，砂土比减小时，峰后曲线下降快，塑性特征明显。

（3）在砂土比较大的情况下，塑性很差，表现为脆性特征。

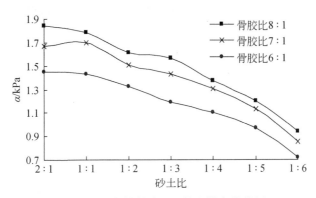

图 8.11　相似材料随配比的塑性变化特征

3. 材料的亲水性

地表水流失规律的模拟，需要考虑固液耦合模拟技术。制约固液耦合模拟的一个难题就是模拟材料的吸水性远远强于原岩的吸水性，并且模拟材料吸水后会影响材料的力学性质。因此，控制模拟材料的非亲水性和渗透性控制是采用固液耦合模拟技术研究采动水土流失规律的关键。

为了控制模拟材料的亲水程度，这里选取表征参量为吸水量 a 和渗透指数 v。

1）吸水量 a

亲水性越强在相同时间内其吸水量越大。

$$a = m_水 / m_0 \qquad (8.5)$$

式中，a 为吸水量，%；$m_水$ 为见水后试件质量的增量，kg；m_0 为试件干质量，kg。

2）渗透指数 v

该指标可以表征材料的隔水性。

$$v = l/t \qquad (8.6)$$

式中，v 为渗透指数，mm/h；l 为水浸入的轴向长度，mm；t 为观测时间，h。

实验分析得出，黏土和胶结剂含量对材料的吸水性起决定作用。

吸水量 a 与黏土、胶结剂含量成反比，如图 8.12 所示。当砂土比 1∶1（黏土占骨料一半）时，a 迅速降低；随着砂土比的进一步降低，黏土为主要成分，a 趋于稳定。如当砂土比为 1∶6 时，模型基本为土质，其吸水性已稳定。

　　材料的渗透性与黏土及胶结剂的含量有着密切关系，如图 8.13 所示。当黏土含量较小时，材料的亲水性主要由硅油控制。在砂土比为 2∶1 时，胶结剂量的增大对亲水性有明显影响，但随着黏土比例增大，硅油对非亲水性的影响减小，转而由黏土起作用。当黏土比例达到一定程度，渗透性能也趋于稳定，当胶结剂的含量比达到 7∶1 和 6∶1 时，其对亲水性的影响程度已不是很大。

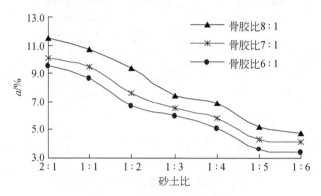

图 8.12　相似材料的亲水性

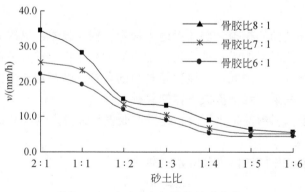

图 8.13　渗透速率与配比关系曲线

4. 弥合性

　　黏土隔水层的一个重要特性是其裂隙遇水后具有弥合特性，该性质是隔水层稳定性控制的关键参数。裂隙的弥合主要与材料遇水膨胀有关。因此，材料的遇水膨胀率 V_h，间接表征材料的弥合性。

　　材料的膨胀性主要由黏土决定，胶结剂对膨胀性影响不明显，不同的骨胶比下的膨胀率差别不大（图 8.14）。在砂土比达到 1∶3 后，V_h 增大趋势较大，当试件的性质为土质时，V_h 增幅趋于定值。试样浸水后在黏土颗粒表面水化及黏土颗粒的膨胀作用下，其变形过程分两个阶段，并在水化充分后其变形趋于稳定（图 8.15）。

砂土比为 1∶5～1∶6，骨胶比为 7∶1～6∶1 交差组成的配比区域，其材料的性能比较符合保水开采的隔水层模拟研究的要求。初步确定砂土比为 1∶5、骨胶比为 7∶1、硅凡比为 1∶2.5 可模拟离石黄土，砂土比为 1∶6、骨胶比为 6∶1、硅凡比为 1∶3 可模拟三趾马红土。

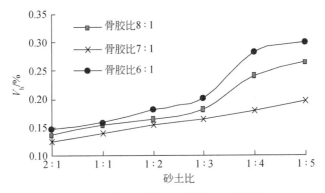

图 8.14　材料裂隙弥合性随配比的变化

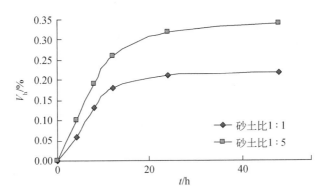

图 8.15　膨胀率与时间关系曲线图

8.3　采动覆岩裂隙发育规律与隔水性

神府煤田榆神矿区的煤层覆岩由基岩和黏土层组成，共同构成隔水岩组。掌握采动顶板裂隙发育规律，分析"上行裂隙带"发育高度和"下行裂隙带"发育深度，是建立隔水岩组隔水性判据及进行保水开采分类的关键。

8.3.1　隔水岩组采动导水裂隙规律与隔水性

在考虑黏土隔水层应力应变全程相似和水理性相似条件下，针对榆神矿区榆树湾煤矿、海湾煤矿三号井和大砭窑煤矿开展了隔水层稳定性模拟实验。研究表明，上覆岩土体的采动裂隙主要由"上行裂隙"与"下行裂隙"构成。"上行裂隙"由采动后顶板自下而上的垮落和离层下沉形成，主要在开采边界形成较集中的裂隙，裂隙带发育高度较大，呈"马鞍形"分布，即通常所说的导水裂隙带。"下行裂隙"则是由隔水岩组下沉作用产生的，自上而下发育的张拉裂隙。最大的"下行裂隙"也发生于开采边界的上部，与最大"上行裂隙"位置相对应，如图 8.16 所示。

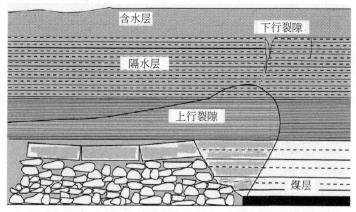

图 8.16　采动覆岩"上行裂隙"和"下行裂隙"[33]（见彩图）

当煤层埋深较大时，"下行裂隙"的作用不明显，隔水岩组主要受"上行裂隙"影响。对于浅埋煤层而言，由于隔水岩组较薄，"下行裂隙"的影响比较显著，分析隔水层稳定性时必须考虑。

"上行裂隙"与"下行裂隙"在隔水层内的导通性决定着隔水岩组的隔水稳定性，简称隔水性。如果"上行裂隙"与"下行裂隙"导通，隔水岩组的隔水性丧失，含水层或地表潜水将溃入采空区，导致矿井水害或地表水流失；反之，则隔水性稳定（图 8.17）。通过合理开采方法，控制"上行裂隙"发育高度或降低"下行裂隙"发育深度，使隔水岩组保持隔水性，就可实现保水开采。

(a)单层煤开采"上行裂隙"与"下行裂隙"未导通

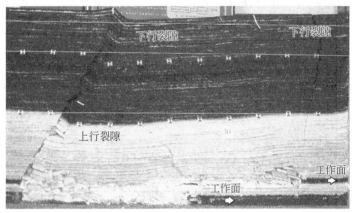

(b)两层煤开采后"上行裂隙"和"下行裂隙"贯穿隔水层

图 8.17 "上行裂隙"和"下行裂隙"（见彩图）

8.3.2 上行裂隙带发育高度

1. 单一煤层开采

上行裂隙带发育高度的确定可以借鉴导水裂隙带的计算方法。根据浅埋煤层隔水层稳定性相似模拟实验，"上行裂隙"发育最高的区域是工作面煤壁上方的隔水岩组最大下沉区，该区域拥有最大下沉梯度和曲率。这与俄罗斯学者格维尔茨曼[37]大量实测研究的结论一致，其得出全部垮落法采煤时导水裂隙带顶部岩层极限曲率 K_t 与导水裂隙带（上行裂隙）高度 h_u 的关系为

$$K_t = \frac{7.25 q_0 m}{\left[h_u (\cot \delta_0 + \cot \varphi_3)\right]^2} \tag{8.7}$$

式中，K_t 为导水裂隙带顶部岩层极限曲率；h_u 为上行裂隙带高度，m；q_0 为隔水岩组最大下沉系数；m 为采高，m；δ_0 为岩层移动的极限角，(°)；φ_3 为充分采动角，(°)。

根据实践经验，q_0 和 $\cot\delta_0 + \cot\varphi_3$ 数值变化幅度不大，一般可取 0.7 和 1.1，则式（8.7）可简化为

$$h_u = 2\sqrt{\frac{m}{K_t}} \qquad\qquad (8.8)$$

由此得出，上行裂隙带高度与采高成正比，与裂隙带顶部隔水岩组的极限曲率成反比。上行裂隙带顶部隔水岩组的极限曲率越大，即隔水岩组的柔性越大，导水裂隙带发育越小。

我国学者对裂隙带高度实测研究认为，缓倾斜煤层开采导水裂隙带的高度与采高近似呈正比关系，软弱顶板时为 8～12 倍采高，中硬岩层为 12～18 倍采高，坚硬岩层为 18～28 倍采高[38]。根据实测和模拟研究，神府矿区部分矿井覆岩"三带"高度如表 8.4 所示，导水裂隙带发育高度一般为 18～28 倍采高。

表 8.4　浅埋煤层覆岩"三带"高度

矿井工作面	采高/m	基岩厚度/m	冒落带高度/m	裂隙带高度/m	弯曲下沉带	裂隙带高度/采高
大柳塔 1203	4.0	42	9	>42	无	>10
大砭窑矿	3.0	38	5	>38	无	>12
活鸡兔 21201	3.5	66	6	75	无	>21
海湾 3#井	3.3	53	5	70	无	>21
榆树湾	5.0	120	12	90	有	18

2. 分层开采

根据柴里、梅河、淮南等矿区的实测，在分层重复采动时，导水裂隙带高度随采高增加的幅度越来越小[38]。相同厚度的第 2、3 和 4 分层开采的导水裂隙带高度增量分别为 1/6、1/12 和 1/20。第 1 分层的开采导致的导水裂隙带高度最大。因此，对于厚煤层开采，第 1 分层采高不宜过大。采用分层限高开采，可以降低导水裂隙带的总高度，提高隔水岩组的稳定性和保水开采的可能性。

8.3.3　下行裂隙带发育深度

1. 下行裂隙带发育形态

工作面开采后，隔水岩组弯曲下沉将导致地表（或隔水岩组的上表面）出现

张拉，产生向下发育的下行裂隙（图 8.18）。地表最大下行裂隙一般位于采空区边界内侧，呈 O 形环绕。随着工作面的推进，环状下行裂隙将按照一定的距离周期性出现，并随着新裂隙的出现而回转闭合。裂隙的宽度和深度与采深、采高、顶板管理方法、土层性质及其厚度有关。采动地表的下行裂隙一般为楔形，上口大，越往深处宽度越小，在表土层一定深度处尖灭。

(a)平行裂缝　　　　　　　　　　　　　　(b)边界裂缝

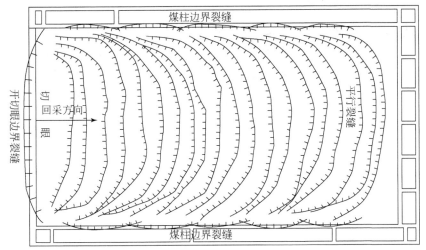

(c)神南矿区某矿1⁻²煤层地表下行裂缝素描

图 8.18　采动地表裂缝

　　对于神府矿区而言，隔水岩组由基岩层、风化层和黏土层组成，下行裂隙带的发育深度与隔水岩组厚度、性质和采高等参数有关。模拟实验发现，如果采用放顶煤开采或基岩直接出露地表时，地表下行裂缝深度可达数十米。因此，降低一次采高，有利于隔水层稳定。

　　根据榆树湾煤矿厚煤层开采（地层条件如表 8.5 所示）和海湾三号井多煤层开采的物理模拟，采高 5m 时，有土层的地表下行裂隙可达 20m，去除地表沙土层厚度 10m,深入隔水岩组的裂隙深度达到 10m,约为 2 倍采高。榆树湾煤矿采用 5.5m 分层大采高开采,降低了一次开采厚度,保障了隔水岩组的隔水性,实现了安全、高效和保水开采。

表 8.5　　榆树湾煤矿地层覆岩特征

岩层	平均厚度/m	岩性描述
风积沙	10.0	粉～细沙,粉～中沙
黄土	25.0	亚黏土及亚砂土,隔水
红土	75.0	黏土、亚黏土,隔水
风化岩	20.0	砂岩和泥岩风化层,含水
基岩	100.0	泥岩、中砂岩、粉砂岩
煤层	11.6	2^{-2} 煤层,$f = 2.44$

2. 下行裂隙控制参数

榆树湾煤矿地表岩移实测得出,工作面后方存在主要下沉区,即图 8.19 中煤壁后方 80m 范围内的区间。该区间约为覆岩厚度的 1/2,该区间内下行裂隙最发育。柠条塔煤矿实测也得到这种规律。

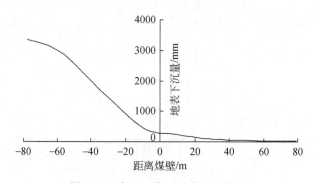

图 8.19　　实测工作面地表下沉曲线

将下沉曲线中单位宽度上的下沉量称为下沉梯度 T_s,则有

$$T_s = \frac{w}{r} \qquad (8.9)$$

式中,w 为最大下沉量,m;r 为曲率半径,m。

可见,通过控制顶板运动增大沉降区宽度,可以降低下沉梯度,减缓下行裂隙发育。

3. 下行裂隙带发育深度

根据力学原理可知，隔水岩梁拉应变超过极限拉应变 ε_t 时，便发生破坏并向下发展。

$$\varepsilon \geqslant \varepsilon_t \tag{8.10}$$

如图 8.20 所示，在裂隙尖部边缘取微元，设间距为 dx 的两个截面在变形后绕中性轴相对旋转了 $d\theta$，ρ 为隔水岩组中性层曲率半径，则应变 ε 为

$$\varepsilon = \frac{(\rho+y)\mathrm{d}\theta - \rho\mathrm{d}\theta}{\rho\mathrm{d}\theta} = \frac{y}{\rho} \tag{8.11}$$

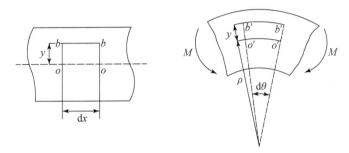

图 8.20　下行裂隙底部微元分析图

设下行裂隙带深度为 h_d，顶板垮落后隔水岩组厚度为 $h_g = H - h_m$，下行裂隙底端 $y = \dfrac{h_g - h_d}{2}$ 处的应变最大，由式（8.10）和式（8.11）可得

$$\frac{h_g - h_d}{2\rho} = \varepsilon_t \tag{8.12}$$

根据 $K = \dfrac{1}{\rho} = \dfrac{12m_0}{E_g h_g^3}$，由式（8.12）可得下行裂隙带的发育深度为

$$h_d = h_g - \varepsilon_t \cdot \frac{E_g h_g^3}{6m_0} \tag{8.13}$$

由于下行裂隙计算公式中许多参数难以确定，一般配合物理模拟和数值计算确定。

8.4　隔水性判据与保水开采分类

陕北榆神府煤田的保水开采重点是保护地表生态水位不下降，其关键是确保

采动过程中隔水层的隔水性。研究隔水岩组的稳定性，根据隔水岩组的稳定性进行保水开采分类控制，是实现榆神府煤田可持续发展的科学途径。

8.4.1　隔水岩组的隔水性判据

当隔水岩组内上行裂隙和下行裂隙未贯通时，如果还存在一定厚度的有效隔水层，就不会透水。根据国家煤炭工业局《建筑物、水体、铁路及主要井巷煤柱留设与压煤开采规程》[39]，采动后最小安全隔水岩组厚度达到 3 倍采高（黏土隔水岩组）或 5 倍采高（基岩隔水岩组）时，可以实现工程安全。因此，可以采用有效隔水岩组厚度与采高之比作为隔水性指标，称为隔采比，记 G_c。隔水岩组隔水性判据为

$$G_c = \frac{H}{m} \geq (h_u + h_d)/m + 3 \quad （土层） \tag{8.14}$$

$$G_c = \frac{H}{m} \geq (h_u + h_d)/m + 5 \quad （基岩） \tag{8.15}$$

式中，H 为隔水岩组厚度，m；h_u 为上行裂隙高度，m；h_d 为下行裂隙深度，m；m 为采高，m。

根据研究，神府矿区维系地表植被的合理生态水位为 $1.5 \sim 5.0$m[40]。据大柳塔双沟泉域开采区的监测，自 1993 年相继开采 1203、1205 和 1207 等长壁工作面后，双沟泉流量逐年下降，2002 年断流，到 2007 年（历经 10 多年）仅恢复到原流量的 20%[41]。根据陕北生态脆弱矿区保护生态水位原则，保水开采必须保持隔水岩组的隔水性。

8.4.2　保水开采分类

覆岩隔水岩组的厚度、性质和采高不同，隔水岩组的稳定性不同。根据隔采比指标对保水开采进行分类，有利于从宏观上确立对应的开采方法。

1. 自然保水开采类

采用一次采全高长壁开采方法，隔水岩组位于弯曲下沉带并保持隔水性，称为自然保水开采类。神府矿区基岩的导水裂隙带高度一般为 $18 \sim 28$ 倍采高，取上限 28 倍；下行裂隙深度取 2 倍采高，代入式（8.15），则神府矿区自然保水开采的条件为

$$G_c \geq 28m + 2m + （3 \sim 5）m = （33 \sim 35）m \tag{8.16}$$

即有效隔水岩组为黏土层（或基岩）时，隔水岩组总厚度超过 33（或 35）倍采高才能实现自然保水开采。对于神府矿区厚度为 10m 的厚煤层，如果采用放顶煤开采，则隔水岩组厚度必须大于 330m 或 350m 才能实现自然保水开采。显然，大部

分工作面不能满足自然保水开采条件。

2. 限高保水开采类

当隔水岩组厚度介于 18～33 倍采高时, 上行裂隙一般不会导通隔水岩组, 隔水岩组的隔水性处于安全～临界安全状态。此类区域, 可以通过限制一次采高的分层开采或协调开采等方式, 控制裂隙带发育, 实现保水开采, 称为限高保水开采类。

如果按照采高 3m 计算, 隔水岩组厚度为 54～99m 属于限高保水开采类; 采高为 5m 时, 隔水岩组厚度处于 90～165m, 神府矿区的大部分区域属于此类。榆树湾煤矿采用限高 5.5m 分层开采 11m 厚的煤层, 取得了保水开采的成功。

3. 特殊保水开采类

如果隔水岩组很薄, 采动后隔水岩组完全处于冒落带或裂隙带, 采动将导致隔水岩组完全破坏, 需要采取充填开采等特殊开采方式实现保水开采, 称为特殊保水开采类。陕北神府煤田的煤层覆岩一般属于中硬～坚硬顶板, 为了工程安全取其上限, 按照坚硬顶板考虑, 则导水裂隙带发育高度超过 18 倍采高。采用长壁全部垮落法开采, 采高为 3～5m 时, 隔水岩组厚度小于 54～90m 的区域, 属于特殊保水开采区。对于此类区域, 可采用采空区条带充填, 实现保水开采。根据研究, 对于神府矿区的特殊保水开采条件, 充填 20% 左右可实现 75% 左右的地表减沉效果。

8.4.3 浅埋煤层保水开采岩层控制理论

通过上述研究, 得到浅埋煤层保水开采岩层控制的基本理论。

（1）浅埋煤层工作面开采后, 顶板隔水岩组的隔水性主要受上行裂隙和下行裂隙影响。上行裂隙为自下而上发育的导水裂隙, 下行裂隙为隔水岩组上表面产生的自上而下发育的拉伸裂隙。最大的上行裂隙和下行裂隙都位于开采边界附近。

（2）上行裂隙带和下行裂隙带在隔水岩组内的导通性决定着隔水性, 其主要影响因素是采高、隔水岩组的厚度和性质。隔水岩组与采高之比, 即隔采比, 是隔水岩组隔水性的主要指标。

（3）隔水岩组的上行裂隙发育高度和下行裂隙发育深度都与采高成正比, 合理限制一次采高可以控制裂隙带发育, 提高隔水岩组稳定性。

（4）基于隔采比建立了隔水岩组隔水性判据, 将保水开采主要分为自然保水开采类、限高保水开采类和特殊保水开采类三种类型。

（5）采取合理的开采布置和顶板控制措施，降低隔水岩组的一次采动裂隙发育程度，并充分利用裂隙弥合性质，可以实现经济的保水开采。

8.5　浅埋煤层条带充填保水开采岩层控制

我国西部浅埋煤层大规模开采诱发地表生态恶化，其根源是开采导致煤层上覆隔水岩组失稳引起浅层潜水流失。在基岩较薄的特殊保水开采区（隔水岩组厚度小于 18 倍采高的区域），条带充填开采是控制潜水流失的根本途径。充填开采会影响工作面开采效率，也将增加开采成本。因此，研究充填条件下的隔水层稳定性判据，根据充填材料性质和覆岩条件，确定最佳的充填参数，对特殊保水开采具有重要的理论意义和实践价值。采用低强度材料，实施柔性条带充填，是降低充填成本的新途径。为此，本书提出低成本柔性充填条带充填保水开采方法，给出了柔性条带充填开采覆岩隔水岩组力学模型，提出了确定合理充填间隔宽度和充填带宽度的方法，为特殊保水开采提供了岩层控制理论和技术。

8.5.1　充填开采方法与技术

充填开采是利用井下或地面矸石、砂和碎石等物料充填采空区，从而达到提高回采率、控制岩层移动、减小地表移动变形和保护生态环境的目的。按照充填量的多少和充填范围占采出煤层的比例，煤矿充填开采方法可分为：全部充填和局部充填。局部充填减少了充填材料的用量和充填量，降低了充填成本，更具应用前景。

1. 充填开采的发展阶段

由于矿区环境破坏逐渐被重视，矿山充填工艺才缓慢发展起来。国外近 60 年在充填开采方面取得较大进展，国内是近 40 年以来对其进行研究与应用。矿山充填开采的进展大概分为如下四个阶段。

1）废石充填技术（探索阶段）

20 世纪 40 年代以前，国外充填开采主要是将矿山废料送入井下采空区，还处于对充填材料性质和充填效果研究的初级阶段。1915 年澳大利亚的塔斯马尼亚芒特莱尔矿和北莱尔矿用废石充填是最早进行的充填开采。加拿大诺兰达公司霍恩矿在 20 世纪 30 年代将粒状炉渣加磁黄铁矿充入采空区。我国在 50 年代初期，采用的是废矸石充填工艺，随着回采工艺的发展，因强度大、生产能力小和效率低，废石充填处于被淘汰的境地。该时期对充填材料的性质和充填效果并未完全掌握，处于充填开采探索阶段。

2）水砂充填技术（充填工艺改进阶段）

20 世纪 40～50 年代，水砂充填技术被应用于澳大利亚的布罗肯希尔矿和加拿大等国的一些矿山。为了控制大面积地压活动，国内在锡矿山南矿首次采用了尾砂水力充填采空区工艺，有效地减缓了地表的沉降。60 年代开始，为防止矿坑内火灾，湘潭锰矿利用碎石水力充填工艺，取得了较好的效果。70 年代铜绿山铜铁矿、招远金矿和凡口铅矿也应用了尾砂水力充填工艺。

3）胶结充填技术（胶结充填初级阶段）

非胶结充填体无自立能力，所以该阶段开始深入研究充填料的性质、充填料与围岩的相互作用、充填体的自稳性和充填胶结材料。20 世纪 60～70 年代澳大利亚的芒特艾萨矿开始研发尾砂胶结充填方法。国内初期的胶结充填为混凝土充填，1965 年凡口铅矿采用压气缸风力输送混凝土胶结充填，充填材料水泥单耗为 $240kg/m^3$。金川龙首镍矿应用戈壁集料胶结充填工艺，充填材料水泥单耗量为 $200kg/m^3$，这种粗骨料胶结充填的输送技术复杂，且对材料的级配要求高，所以一直未获得大规模推广应用。由于细砂胶结充填具有胶结强度高和管道水力输送的特点，细砂胶结充填在凡口铅锌矿、招远金矿和焦家金矿等矿山于 70 年代开始获得应用。

4）高强度胶结充填技术（胶结充填改进阶段）

20 世纪 80～90 年代，随着保护生态环境和降低采矿成本的需要，开发了高浓度充填技术、块石砂浆胶结充填和膏体充填等新技术。

国外有澳大利亚的坎宁顿矿，加拿大的基德克里克矿、洛维考特矿、金巨人矿和奇莫太矿，德国的格隆德矿，奥地利的布莱堡矿，以及南非、美国和俄罗斯的一些地下矿山开始应用高浓度充填工艺与技术。国内分别在凡口铅矿、济南的张马屯矿和湘西金矿等矿山投入应用。高浓度充填为充填料到达采场后，虽有多余水分渗出，但浓度变化缓慢、多余水分的渗透速度较低，其中制作高浓度的材料包括天然集料、破碎矸石料和选矿尾砂。块石砂浆胶结充填是一种以块石为充填集料，以水泥浆或砂浆作为胶结介质，且采场不脱水的高质量充填技术。

膏体充填指充填料呈膏状，不脱水，强度高。1979 年德国在格伦德铅锌矿首先应用膏体充填技术，目的是解决高浓度尾砂充填泌水，需要建立复杂的隔排水系统等问题。1991 年沃尔萨姆（Walsum）煤矿应用了膏体材料充填技术，主要充填长壁工作面后方的采空区，充填工作面煤层厚 1.5m，采深约 1000m，膏体充填材料由粉煤灰、浮选矸石和破碎岩粉等组成，物料的最大粒径小于 5mm，质量浓度为 76%～84%，充填管沿工作面煤壁方向布置在输送机与液压支架之间，每隔

12～15m 接一布料管伸入到采空区内 12～25m 进行充填，充填管路紧随着工作面设备前移。充填管接入工作面后方采空区的长度，由弯曲下沉带顶板对采空区冒落矸石的压实程度而定，在冒落矸石处于松散状态或轻微压实的时，充填效果最好。德国煤矿膏体充填试验的目的在于处理固体废弃物，充填在直接顶冒落后进行，充填管处于冒落矸石下面，因此采空区充填程度不够，地表下沉系数较大，为 0.30～0.40，其减沉效果介于水砂充填与风力充填之间。国内膏体充填技术首先在有色金属矿山得到应用，甘肃金川有色金属公司和北京有色冶金设计研究总院在金川二矿区建成了我国第一条利用洗选尾砂、棒磨砂和粉煤灰的膏体充填工艺系统，充填体最终抗压强度大于 4.0MPa。

2. 充填开采方法

按照充填工艺方式，矿山应用的充填开采分为以下四种。

1）胶结充填采矿法

胶结充填始于 20 世纪 50 年代的加拿大，经过几十年的发展，目前高浓度胶结充填技术已经被应用，如膏体充填和似膏体充填等。胶结充填材料包括充填骨料、胶结剂和水。胶结剂应满足两个条件：第一，胶结充填体达到控制岩层移动和地表沉降所需的强度；第二，充填材料成本低廉。

2）覆岩离层注浆充填法

覆岩离层注浆充填法从地面通过钻孔向离层空间注入充填材料，占据空间、减少采出空间向上的传递，支撑离层上位岩层、减缓岩层的弯曲下沉，达到减缓地表沉降的目的。研究认为采场覆岩离层带的产生具有一定条件，必须在煤层上覆岩层中存在具有一定厚度且强度明显不同的岩层，在工作面前后方 15～20m 处离层最充分。

3）冒落矸石空隙注浆胶结充填减沉法

该技术利用冒落带岩石的碎胀性，向冒落岩石空隙注入胶结材料进行固结。此充填法的特点是：第一，浆液充填至采空区冒落矸石的空隙；第二，浆液凝固后有胶结性能及一定的强度；第三，充填浆液凝固后无水析出，克服了水砂充填排滤水的难题；第四，充填与采煤平行作业。

4）煤矸石充填采煤法

我国历年累计堆放的煤矸石约 45 亿 t，而且堆积量还以每年 1.5 亿～2.0 亿 t 的速度增加。美国年产矸石量也在 1.5 亿 t，经洗选产生的入选煤量的 30%作为矸石直接排放于矸石山。合理的矸石充填技术能够置换出更多的煤炭资源，从而提高煤炭资源的采出率。矸石充填技术在 19 世纪 50 年代的欧洲煤炭行业中应用较为普遍，美国在长壁工作面以及近距离煤层开采中，也采用了矸石充填技术。实践表明，矸石充填技术能起到控制地表的下沉量的目的。

3. 局部充填方法

目前矿山局部充填开采根据工作面采空区充填程度、充填地点和工作面布置方式的不同，可归纳为以下两种方式。

1）短壁间隔充填法

采煤工作面布置成短壁条带工作面开采，每两个短壁开采条带安排一个工作面后方全部采用胶结性固体废物膏体充填，另外一个工作面采用一般的垮落法管理顶板。短壁开采条带之间保留窄煤柱，形成一个以膏体充填条带、窄煤柱、顶板构成的支撑体系，控制覆岩和地表变形。该充填法的优点是减少了充填材料用量，采空区充填条带构筑方便。其缺点是工作面搬家频繁，生产效率低，对充填体的力学性能参数要求相对较高，另外由于工作面推进速度快，要求充填体能够快速凝固并及时支撑顶板。

2）长壁间隔充填法

采用长壁工作面开采，随着工作面推进，在工作面后方用胶结性的膏体材料构筑数个充填条带，充填条带之间的空间不充填。该方法的支撑体系为充填条带与顶板，优点是减少了充填材料用量，生产效益较高。缺点是采空区充填构筑复杂，对充填条带的力学性能参数要求相对较高。长壁间隔充填法有倾向充填和走向充填模式，如图 8.21 所示。

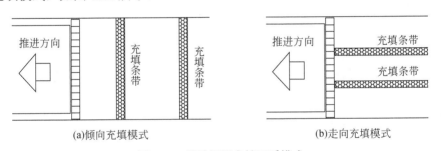

(a)倾向充填模式　　　　　　　　(b)走向充填模式

图 8.21　长壁间隔充填开采模式

4. 柔性条带充填原理

1）柔性条带充填开采原理

根据陕北侏罗纪煤田特殊保水开采区覆岩隔水岩组中含有黏土隔水层的条件，开采中容许隔水岩组具有一定的沉降量，只要采动时上行裂隙和下行裂隙不导通隔水层即可。为此，本书提出了可采用较低强度、低成本的沙基充填材料的充填方式，容许充填条带有一定的压缩量，称为"柔性条带充填"。

　　柔性条带充填属于局部充填方法,充填方式与长壁走向条带充填相似,但充填控制的原理有所不同。国内条带充填主要以坚硬岩层为骨架的关键层理论为基础,充填条带基本上按照刚性条带设计,在判据上主要考虑控制地表沉降。特殊保水开采区的柔性条带充填开采的重点是控制隔水岩组的稳定性,容许覆岩隔水层下沉,但不容许采动裂隙贯穿隔水岩组。为达到经济控制,基岩关键层是否破断不再是判据,控制裂隙带的发育高度,保证柔性隔水层稳定成为最终目标。为此,掌握陕北风积沙的性质,开发经济的沙基充填材料,建立"煤柱-柔性充填条带-隔水岩组"力学模型,确定经济合理的充填参数,成为该项技术的关键。

　　2)条带充填工艺

　　目前煤矿充填工艺主要研究的对象为充填材料配制、泵送管路、充填模板、充填支架、工作面充填管道布料和管道系统冲洗技术等。充填物料在制备到运输再到充填采场,中间的任何一个环节都会影响到充入采空区充填条带的质量,进而影响充填条带对覆岩的控制作用。

　　膏体充填使用的材料是风积沙、粉煤灰、添加剂和水四种物料。充填过程是先把风积沙、粉煤灰、添加剂和水四种物料按比例混合搅拌制成膏体浆液,再通过充填泵把膏体浆液输送到井下充填工作面,充填由液压充填支架和辅助隔离措施形成的封闭采空区空间的过程,整个充填工艺的流程可以划分为配比搅拌、管道泵送和充填条带构筑三个基本环节。

8.5.2　充填材料及其力学特性

　　目前充填技术水平下,采空区充填需要消耗数以万 t 计的水泥。根据现有的充填开采实践,充填成本占采矿成本的 1/3 左右,充填成本中充填材料的成本又占 80% 以上,昂贵的充填成本不仅给矿山造成很大的经济压力,而且严重制约了充填采矿技术的应用和发展。采用新工艺新技术,在不降低充填体强度的情况下,降低水泥单耗量或寻求水泥代用品,是充填技术的主攻方向。

1. 水泥及水泥代用品

　　传统胶结充填材料中所用的胶凝材料一般为普通硅酸盐水泥,水泥费用占充填成本的 80% 左右。为了降低充填材料的成本,胶结充填材料中的骨料用选矿厂排出的尾砂或采矿中剥离的废石,胶结剂采用水泥代用品。炉渣、粉煤灰代替水泥作为胶凝材料的配比试验如表 8.6 所示。

表 8.6　充填材料不同配比的强度

序号	材料配比			质量分数/%	单轴抗压强度/MPa	
	尾砂	替代品	水泥		7d	28d
1	7	0.7	（炉渣）　0.3	72	0.56	2.05
2	7	0.5	（粉煤灰）　0.5	72	0.43	1.64
3	7	0	（粉煤灰）　1	72	0.46	1.09
4	8	0	（粉煤灰）　1	68	0.66	1.22
5	6	2	（粉煤灰）　1	68	0.48	1.34
6	5	1	（粉煤灰）　1	68	1.18	2.60

2. 高水固结充填材料

20 世纪 80 年代初，研制出了一种水灰比（质量比）达 2.5 的高水固结充填材料，这项充填技术有效地解决了充填采矿中井下采场脱水困难、充填体强度低、矿石损失贫化率高和采场生产能力低等一系列技术难题。然而，高水材料存在的配比要求高、材料来源困难和成本高等局限性。此外，孙恒虎[42]研制了一种砂土固结充填材料，长沙矿山研究院开发了赤泥胶结充填料，枣庄石金矿业充填研究所研制了 MT 充填胶结料等，但目前这些材料尚未普遍用于煤矿充填开采实践。太平矿以泗河河砂为骨料，添加一定量粉煤灰，分别用凝石、42.5 级普通硅酸盐水泥与 MT 材料作为胶结料进行配比试验。从表 8.7～表 8.9 可见，这些煤矿膏体充填的胶凝材料并不能满足煤矿充填对早期强度的性能要求。

表 8.7　以凝石为胶结料的试验结果

序号	质量分数/%	胶结料容重/（kN/m³）	粉煤灰容重/（kN/m³）	单轴抗压强度/MPa				
				8h	1d	2d	3d	7d
1	80	0.6	4.0	0	0	0.10	0.22	0.52
2	80	0.8	4.0	0	0	0.13	0.29	0.76
3	80	1.0	4.0	0	0	0.17	0.35	1.02
4	80	1.5	4.0	0	0.12	0.45	0.87	2.03

表 8.8　以 42.5 级普通硅酸盐水泥为胶结料的试验结果

序号	质量分数/%	胶结料容重/（kN/m³）	粉煤灰容重/（kN/m³）	单轴抗压强度/MPa				
				8h	1d	2d	3d	7d
1	80	1.0	4.0	0	0	0.13	0.31	0.75
2	80	1.5	4.0	0	0	0.43	0.68	1.38

表 8.9 以 MT 材料为胶结料的试验结果

序号	质量分数/%	胶结料容重 /（kN/m³）	粉煤灰容重 /（kN/m³）	单轴抗压强度/MPa				
				8h	1d	2d	3d	7d
1	80	1.76	3.00	0	0.09	0.32	—	0.85
2	80	0.60	4.16	0	0	0	0.11	—

采用新工艺、新材料降低水泥单耗量又不致降低充填体强度，是世界各国矿山充填的主攻方向。开发与研制新型价格低廉、来源广泛、使用方便且能达到必要的早期强度、高强度、不脱水等指标的活性胶凝材料是矿山充填开采得以普及的前提。

针对陕北浅埋煤层覆岩条件，通过低强度条带充填实验发现，即便采用低强度充填材料，仍然可以达到明显的充填效果。为此，本书提出了柔性条带充填的理念，为陕北保水开采的实现提供了新的思路和途径。

3. 条带充填膏体强度

1）充填材料强度简化计算方法

由于充填材料的内摩擦角、内聚力及充填体与围岩的力学参数确定比较困难，结合实验测试和工程经验，简化出充填材料满足早期自稳的条件：

$$\sigma = \gamma_f \cdot h_f + 0.05 \tag{8.17}$$

式中，σ 为充填体自稳强度，MPa；γ_f 为充填体容重，MN/m³；h_f 为充填体高度，m。

当充填体容重为 0.02MN/m³，充填高度为 4m 时，充填材料自稳强度为 0.13MPa。

工程实践中，采用经验公式确定充填体的自稳强度偏高，且测试充填体早期 6～8h 时的内摩擦角、内聚力及充填体与围岩的力学参数比较困难，因而上述早期强度指标在现场使用不方便。实际生产中，一般充填体构筑 8h 后工作面将继续推进，支架前移后直接顶在上覆岩层的作用下将产生一定变形，充填体除必须有足够的强度保持自稳外，还需对直接顶提供适当的支撑作用，防止直接顶和充填体破坏。充填体对直接顶的支护载荷可以按照一个分层的岩层重量考虑，直接顶的分层厚度一般小于 1.5～2m。8h 龄期强度为对充填材料早期强度进行的模拟，龄期 8h 的膏体充填材料强度为

$$\sigma_{c,8h} = B(a\gamma_f \cdot h_f + 0.05) \tag{8.18}$$

式中，a 为岩块与现场临界立方体单轴抗压强度比，为 1.1～1.3；B 为安全系数，为 1.5～2.0。

如果取 $a=1.1$，$B=2.0$，当充填体高度为 4m 时，计算得出早期强度为 0.13MPa，龄期 8h 的充填体强度为 0.28MPa。

2）膏体材料的经验强度

国内外常用的膏体材料强度为 0.4～4.0MPa，一般为 1.0～2.5MPa。膏体料浆凝结 6h 抗压强度大于 0.15MPa，1d 抗压强度大于 0.25MPa，28d 抗压强度大于 1MPa，能够满足一般煤矿膏体充填采煤工程的需要。目前，国内煤矿膏体充填的经验普遍认为，膏体材料要满足管道输送、早期及后期强度要求，一般需要达到如下指标。

（1）物料最大粒径≤25mm。

（2）新拌膏体坍落度在 22～25cm，可泵送时间不小于 4h。

（3）静置泌水率≤3%～5%，压力泌水率小于 30%。

（4）单轴抗压强度 8h 强度大于 0.16MPa，28d 强度在 1.5～10MPa。

3）砂基膏体材料强度试验

经过针对陕北榆神府矿区风积沙进行反复试验，配制出的砂基膏体充填材料主要由风积沙、水泥、粉煤灰、添加剂和水组成，灰沙比（质量比）为 1∶10～1∶14，质量分数为 83%～84%，28d 强度在 2MPa 左右，泌水率<5%，达到以上指标。

8.5.3　条带充填隔水岩组稳定性分析

我国西部浅埋煤层开采引起严重的地表塌陷和潜水流失，进行条带充填控制隔水岩组稳定性是保水开采的有效途径。传统研究主要考虑了"上行裂隙"，忽视了隔水岩组下沉盆地边缘拉伸带的"下行裂隙"对隔水岩组稳定性的影响。本节建立了"边界煤柱-充填条带-隔水岩组"力学模型，考虑充填条带及其支撑岩柱的压缩变形，给出了条带充填隔水岩组的下沉曲线公式，提出了"上行裂隙"发育高度与"下行裂隙"发育深度的计算方法，为确定合理的条带充填参数提供了科学依据。

1. 条带充填隔水岩组受力

条带充填开采指长壁工作面开采过程中，沿着工作面中部按照一定的间距，边采边向采空区充填 2～3 个一定宽度的支撑条带，控制隔水岩组的下沉变形和破坏。条带充填的作用是一方面减小悬露顶板的跨度，降低上行裂隙高度；另一方面，减小未垮落岩梁的最大下沉量，降低下沉盆地边缘的下行裂隙深度，保障有效隔水岩组具有最小的隔水安全厚度。有效隔水岩组指"上行裂隙带"和"下行裂隙带"之间的隔水层。判断隔水岩组是否稳定，必须建立隔水岩梁力学模型，确定"上行裂隙"高度和"下行裂隙"深度及位置。

按照陕北矿区常见的覆岩条件和工作面宽度，一般可采用 2 个充填条带。根据相似模拟实验，走向长壁双条带等间距充填开采的覆岩变形与破坏特征如图 8.22 所示。根据有效隔水岩组的受力特征，岩梁边界区域由煤柱支撑，中部由两个充填体支撑，形成"边界煤柱-充填条带-隔水岩组"力学模型。由于成本控制，充填条带一般采用低强度小弹模材料，称为"柔性条带"。充填条带的压缩量比煤柱大，为了提高计算的准确性，边界取无限长梁，建立非水平五跨连续梁力学模型，如图 8.23 所示。其中，隔水岩组均布载荷记为 q；五个顺序的支撑体用 1、2、3、4、5 和 6 标识；相应的跨长和惯性距分别用 L_1、I_1、L_2、I_2、L_3、I_3、L_4、I_4 和 L_5、I_5 表示；五个支座处梁的弯矩分别用 M_1、M_2、M_3、M_4 和 M_5 表示；隔水岩组连续梁在充填带支撑体 3 处的倾斜角用 θ_3 表示。

(a)条带充填覆岩垮落特征的物理模拟

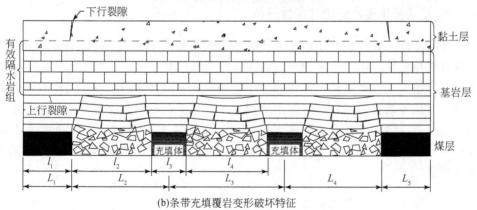

(b)条带充填覆岩变形破坏特征

图 8.22　条带充填采场覆岩变形与破坏特征

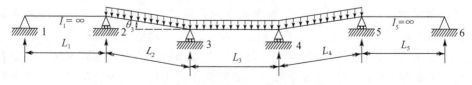

图 8.23　隔水岩组连续梁力学模型

根据有效隔水岩组放松结构模型（图 8.24），静力平衡方程为

$$M_2 + \frac{qL_2^2}{2} - M_3 - R_2'L_2 = 0 \tag{8.19}$$

$$M_3 + \frac{qL_2^2}{2} - M_2 - F_2L_2 = 0 \tag{8.20}$$

$$q(L_2 + L_3 + L_4) = 2R_2'' + 2F_2 + 2R_2' \tag{8.21}$$

联立方程式（8.19）～式（8.21），求解可得

$$M_2 = \frac{-qL_2^3 - 48E\theta_2 I_2}{12L_2}, \quad M_3 = \frac{24E\theta_2 I_2 - qL_2^3}{12L_2}, \quad R_2' = \frac{qL_2^3 - 12E\theta_2 I_2}{2L_2^2},$$

$$F_2 = \frac{qL_2^3 + 12E\theta_2 I_2}{2L_2^2}, \quad R_2'' = \frac{qL_2}{2}$$

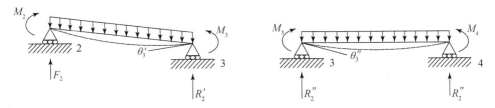

图 8.24　岩梁放松结构力学模型

2. 隔水岩组下沉量曲线

根据图 8.22，建立由充填体、煤壁和隔水岩梁组成的地基梁力学模型，如图 8.25 所示。其中，有效隔水岩组均布载荷记为 q，两边煤体的支撑力为 R_f，两个充填体的支撑力为 R_f，两侧煤柱支撑宽度为 l_1，两侧间隔宽度为 l_2，充填条带宽度为 l_3，中部间隔宽度为 l_4。

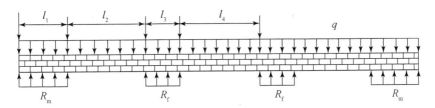

图 8.25　隔水岩组地基梁力学模型

如果有效隔水岩组下部支撑体系进入塑性状态，根据塑性变形中全量理论，可得到 $\sigma_z - \sigma_m = 2G'\varepsilon_z$，其中 σ_m 为平均应力；$G' = \dfrac{\sigma_i}{3\varepsilon_i}$；$\sigma_i$ 为等效应力；ε_i 为等效应变。据此，可得到等效塑性地基系数 k_p，等效弹性地基系数取决于材料的性质

和应力状态。

设有效隔水岩组为作用在充填体和煤柱组成的局部温克尔弹性地基梁，地基上的有效隔水岩组下沉量为 y，则煤柱及充填体的垂直应力为

$$p_m = k_m y, \quad p_f = k_f y$$

式中，p_m 为煤柱应力；p_f 为充填体应力；k_m 为煤柱地基系数；k_f 为充填体地基系数。

隔水岩组地基梁的基本微分方程为

$$\frac{\mathrm{d}^4 y}{\mathrm{d}x^4} + \left(\frac{k_m}{4EI}\right) 4y = \frac{q(x)}{EI} \qquad （煤柱区） \tag{8.22}$$

$$\frac{\mathrm{d}^4 y}{\mathrm{d}x^4} + \left(\frac{k_f}{4EI}\right) 4y = \frac{q(x)}{EI} \qquad （充填体区） \tag{8.23}$$

$$\frac{\mathrm{d}^4 y}{\mathrm{d}x^4} = \frac{q(x)}{EI} \qquad （间隔区） \tag{8.24}$$

令 $\beta_m = \sqrt[4]{\dfrac{k_m}{4EI}}$，$\beta_f = \sqrt[4]{\dfrac{k_f}{4EI}}$，$q(x) = 0$，可得相应的齐次方程为

$$\frac{\mathrm{d}^4 y}{\mathrm{d}x^4} + 4\beta_m{}^4 y = 0, \quad \frac{\mathrm{d}^4 y}{\mathrm{d}x^4} + 4\beta_f{}^4 y = 0$$

非齐次方程的通解由齐次方程的通解 $y_m(x)$、$y_f(x)$ 和非齐次方程的特解 $y = y_m$、$y = y_f$ 组成，可求得各区隔水岩梁扰度为

$$y_m(x) = \mathrm{e}^{\beta_m x}(a_m \cos \beta_m x + b_m \sin \beta_m x) + \mathrm{e}^{-\beta_m x}(c_m \cos \beta_m x + d_m \sin \beta_m x) + y_m \tag{8.25}$$

$$y_f(x) = \mathrm{e}^{\beta_f x}(a_f \cos \beta_f x + b_f \sin \beta_f x) + \mathrm{e}^{-\beta_f x}(c_f \cos \beta_f x + d_f \sin \beta_f x) + yf \tag{8.26}$$

$$y_g(x) = \frac{1}{EI}\left(\frac{qx^4}{24} + a_g \frac{x^3}{6} + b_g \frac{x^2}{2} + c_g x + d_g\right) \tag{8.27}$$

式中，$y_m(x)$ 为煤柱区有效隔水岩梁挠度；$y_f(x)$ 为充填区扰度；$y_g(x)$ 为间隔区有效隔水岩梁扰度。

根据各区的不同受力特点，隔水岩梁划分为左侧煤柱区、左侧间隔区、充填区和中部间隔区 4 个区域。根据各区域边界条件的关联性，联立方程进行求解，可分别求出方程中的系数 a_m、b_m、c_m、d_m 和 a_f、b_f、c_f、d_f 及 a_g、b_g、c_g、d_g。

8.5.4　上行裂隙发育高度的确定

1. 上行裂隙发育高度

有效隔水岩组的厚度和隔水层的稳定性，取决于隔水岩组中上行裂隙和下行裂隙的发育程度。大量的实测表明，采场上行裂隙带呈马鞍形分布，主要发

生于开采边界附近。因此，本小节对边界间隔带的上行裂隙发育高度进行分析。

充填间隔区的悬露岩层破坏条件是其拉应力达到抗拉强度，悬露岩层在边界煤柱和充填体支撑条件下可视为固支梁，最大弯矩发生于梁的两端，如图 8.24 中第二支点的弯矩为

$$M_2 = \frac{qL_3^3 L_2 - 7qL_2^4 - 72E\theta_2 I_2 L_2 - 72E\theta_2 I_2 L_3}{12L_2^2 + 24L_2 L_3}$$

岩层破断的条件为梁端拉应力 $\sigma = \dfrac{M_2 y}{J_z} \geqslant R_{\mathrm{T}}$，式中，$J_z$ 为对称中性轴的断面矩，N·m；y 为该点距断面中性轴的距离，m。

假设，$L_2 = L_3$，当 $\sigma = \dfrac{M_2 y}{J_z} = R_{\mathrm{T}}$ 时，有

$$\frac{(-qL_2^3 - 48E\theta_2 I_2 L_2)h}{12L_2 J_z} = R_{\mathrm{T}}$$

$$L_{2\lim} = [(\varphi_1^2 - \varphi_2^3) - \varphi_1]^{1/3} - [(\varphi_1^2 - \varphi_2^3)^{1/3} + \varphi_1]^{1/3} \qquad (8.28)$$

$$\varphi_1 = \frac{24E\theta_2 I_2}{q}, \quad \varphi_2 = \frac{R_{\mathrm{T}} h^2}{3q}$$

式中，$L_{2\lim}$ 为间隔区梁的极限跨距，m；h 为梁的厚度，m。

充填条带的变形破坏特征如图 8.26 所示，r 为塑性区宽度，σ_e 为等效极限荷载。借鉴煤柱屈服区的计算方法，充填体侧向基本无约束 $P_x=0$，则充填体屈服区宽度为

$$r_{\mathrm{f}} = \frac{M_{\mathrm{f}} d}{2\tan\varphi} \left[\ln\left(\frac{c + \sigma_{\mathrm{f}} \tan\varphi}{c} \right)^{\beta} + \tan^2\varphi \right] \qquad (8.29)$$

式中，M_{f} 为充填条带高度，m；d 为开采扰动因子，$d=1.5\sim3.0$；c 为充填体的内聚力，MPa；φ 为充填体的内摩擦角，(°)；σ_{f} 为充填体抗压强度，MPa。

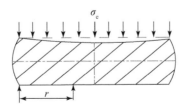

图 8.26　充填条带变形破坏特征

当间隔区顶板岩层达到极限跨度时，上行裂隙发育高度为

$$h_{u} = \frac{1}{2 \times \cot\theta} \left\{ l_2 + \frac{M_f d}{\tan\varphi} \left[\ln \left(\frac{c + \sigma_f \tan\varphi}{c} \right)^{\beta} + \tan^2\varphi \right] - L_{2\max} \right\} \quad (8.30)$$

式中，θ 为岩层垮落角，（°）；φ 为充填体摩擦角，（°）；l_2 为第二跨充填间隔宽度，m；c 为岩层内聚力，MPa；γ 为悬露岩层的容重，N/m³。

根据上行裂隙发育高度计算公式，上行裂隙发育高度与充填间隔宽度、覆岩的岩性、覆岩的分层厚度、采高以及支撑体强度等因素有关。下面以陕北特殊保水开采区的典型条件为例进行分析，设煤层埋深 $H=72\text{m}$，黏土层厚度 $h_n=12\text{m}$，采高 $m=4\text{m}$，工作面长度 $L=250\text{m}$，基岩平均容重 $\gamma_r=24\text{kN/m}^3$，岩层垮落角 $\theta=60°$，基岩压缩系数 $k=5\times10^3\text{kg/m}^3$，基岩弹性模量 $E=2.5\text{GPa}$，充填条带抗压强度 0.28MPa，充填条带弹性模量 22.5MPa。

2. 上行裂隙发育高度与充填间隔宽度的关系

上行裂隙发育高度 h_u 随着充填间隔宽度的增加而非线性增加，随充填条带宽度的增加而减小，如图 8.27 所示。充填间隔宽度达到一定程度（75m）时，上行裂隙发育高度加速增加；当充填间隔宽度增大到垮落岩石充满间隔区（84m）时，上行裂隙发育高度增长减缓。充填间隔宽度是上行裂隙发育高度的主要控制因素。

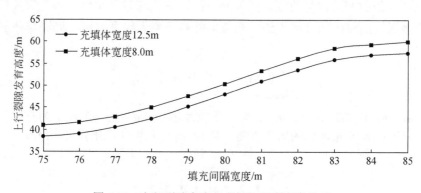

图 8.27　上行裂隙高度与充填间隔宽度的关系

3. 上行裂隙发育高度与采高的关系

上行裂隙发育高度随煤层采高的增加而增大，如图 8.28 所示。采高对上行裂隙的影响不是非常显著，采高每增加 1m，上行裂隙仅增加约 1.2m，上行裂隙发育高度与煤层采高之间为缓慢增长的非线性关系。

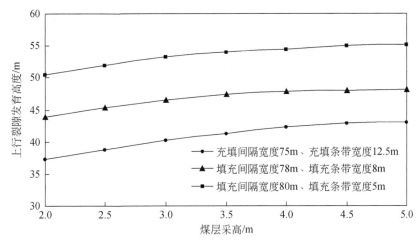

图 8.28　上行裂隙发育高度与煤层采高的关系

8.5.5　下行裂隙发育深度及位置

1. 下行裂隙发育深度

通过有效隔水岩组的挠度曲线方程及应力表达式，可以计算出隔水岩组上部边界各点应力值。隔水岩组上部边界所受应力值表达式为

$$\sigma_x = 2\beta_m^2 e^{\beta_m x}(b_1 \cos \beta_m x - a_1 \sin \beta_m x)Ey$$

假设隔水岩组上部边界所受应力在 $x=x_c$ 处最大，则可得到：

$$\sigma_{x\max} = 2\beta_m^2 e^{\beta_m x_c}(b_1 \cos \beta_m x_c - a_1 \sin \beta_m x_c)Ey$$

覆岩产生下行裂隙的力学条件是岩层中的最大弯曲拉应力达到其极限抗拉强度 $\sigma_x \geqslant R_T$，即当 $R_T = 2\beta_m^2 e^{\beta_m x_c}(b_1 \cos \beta_m x_c - a_1 \sin \beta_m x_c)Ey$ 时，下行裂隙将继续扩展。通过上述分析，得到下行裂隙的发育深度表达式为

$$h_d = H - \frac{R_T}{E\beta_m^2 e^{\beta_m x_c}(b_1 \cos \beta_m x_c - a_1 \sin \beta_m x_c)} - h_u \tag{8.31}$$

式中，H 为煤层的埋深，m；h_d 为下行裂隙发育深度，m。

2. 下行裂隙深度与充填间隔宽度的关系

采用与 8.5.4 小节同样的充填开采参数，计算出下行裂隙发育深度与充填间隔宽度及采高之间的关系如图 8.29 所示。当充填间隔宽度大于 82m，采高分别为 3m、4m 和 5m 时，下行裂隙发育深度都大于 10m。下行裂隙发育深度随采高增加而变化不大，随充填间隔宽度的增加而明显增大。

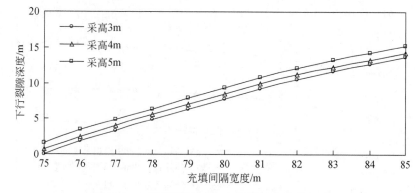

图 8.29　下行裂隙深度与充填间隔宽度的关系

3. 下行裂隙发育深度与充填条带压缩量的关系

下行裂隙发育深度与充填条带压缩量之间为一种近似线性增加的关系，如图 8.30 所示。下行裂隙发育深度受隔充比（间隔宽度与充填宽度之比）的影响明显。当隔充比达到一定值后，下行裂隙快速发展，说明隔充比是控制隔水岩组稳定性的重要参数。

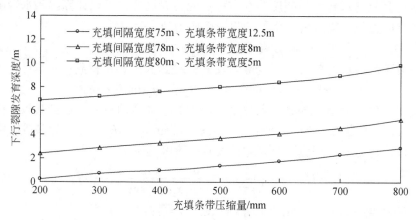

图 8.30　下行裂隙深度与隔充比和充填条带压缩量的关系

4. 下行裂隙发育位置

煤层开采后，岩层弯曲下沉将导致隔水岩组上界出现张拉区，产生自上而下的下行裂隙。根据有效隔水岩组挠度曲线方程和有效隔水岩组移动规律，岩层最大下沉值位于采空区中央上方，自盆地中心至盆地边缘下沉值逐渐减小，在盆地边界点处下沉值趋于零。下沉曲线拐点（指达到最大下沉量一半的点）一般位于采空区边界之上并略偏向采空区一侧，当拐点处的水平移动值最大时，水平变形曲线如图 8.31 所示（图中 h_{aq} 为有效隔水岩组厚度）。

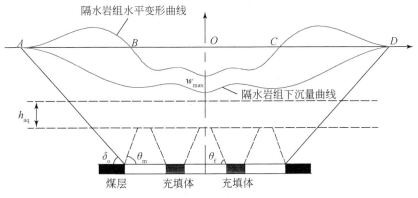

图 8.31　隔水岩组岩组水平变形曲线

根据隔水岩组的挠度曲线方程，可以得到有效隔水岩组水平变形曲线方程为

$$\varepsilon(x) = 2B\beta_m^2 e^{\beta_m x}(b_1 \cos \beta_m x - a_1 \sin \beta_m x)$$

$$a_1 = \frac{q}{4EI\beta_m^4}$$

$$b_1 = \frac{6k_m q - 6k_m l_2 \beta_m q + 24EIq\beta_m^4}{8EIk_m\beta_m^5(l_2^3\beta_m^2 + 3l_2^2\beta_m + 3l_2)} + \frac{2qk_m l_2^3\beta_m^3 + qk_m l_2^4\beta_m^4 - 24w_l EIk_m\beta_m^4}{8EIk_m\beta_m^5(l_2^3\beta_m^2 + 3l_2^2\beta_m + 3l_2)}$$

由图 8.31 可知，隔水岩组水平变形曲线有三个极值，两个相等的正极值和一个负极值，其中正极值为最大拉伸值，位于边界点与拐点之间。由此求出隔水层上界变形曲线的极值点就可知道下行裂隙的发育位置。令 $\varepsilon'(x) = 0$，有

$$\cos \beta_m x(b_1 - a_1) - \sin \beta_m x(a_1 + b_1) = 0$$

可以求得下行裂隙发育的位置为

$$x_c = \frac{\arctan \dfrac{b_1 - a_1}{a_1 + b_1}}{\beta_m} \tag{8.32}$$

8.5.6　条带充填开采隔水岩组稳定性判据

1. 隔水岩组稳定性判据

为了实现陕北特殊保水开采区的保水开采，须控制上行裂隙和下行裂隙的发育程度，以保证隔水岩组的稳定性。隔水岩组的稳定性主要和隔水岩组的力学性质参数、充填间隔宽度及充填条带宽度等有关。根据隔水岩组的采动隔水性判据，上行裂隙和下行裂隙未贯通时，如果具有一定的安全隔离厚度（h_s），就不会透水，

如图 8.32 所示。因此，隔水岩组保持隔水性稳定的判据为

$$H \geqslant (h_u + h_d) + h_s \qquad (8.33)$$

式中，H 为隔水岩组厚度，m；h_u 为上行裂隙带高度，m；h_d 为下行裂隙带深度，m；h_s 为最小安全隔水层厚度，m。

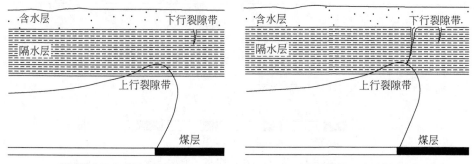

(a)裂隙带未贯通时隔水层稳定　　　　　　　(b)裂隙带导通时隔水层失稳

图 8.32　上行裂隙与下行裂隙和隔水层稳定性

根据我国水体下开采的有关规程，采动后最小安全隔水层厚度在有效隔水层为土层时大于 3 倍采高以上、基岩时大于 5 倍采高以上，可以达到工程安全需要。实际应用中，建议根据隔水层的性能，采用实验的方法进行具体确定。

根据上述分析，式（8.33）可以写为

$$H \geqslant (h_u + h_d) + (3 \sim 5)\, m \qquad (8.34)$$

将 h_u 的表达式（8.30）和 h_d 的表达式（8.31）代入式（8.34），就可以得到走向长壁双条带等间距充填的隔水岩组稳定性判据。

2. 基岩黏土型覆岩合理充填参数确定方法

以特殊保水开采区的典型地层条件为例，说明合理充填参数的计算方法。煤层覆岩厚度 72m，黏土层占覆岩厚度的 1/6，其中特殊保水开采区的基岩黏土型覆岩力学参数见表 8.10，充填条带 8h 的抗压强度为 0.28MPa，充填材料弹性模量为 22.5MPa。

表 8.10　特殊保水开采区物理力学参数

岩石名称	容重/（kN/m³）	弹性模量/GPa	抗压强度/MPa	泊松比	抗拉强度/MPa	黏结力/MPa	内摩擦角/（°）
黏土层	18.45	0.0155	6	0.4	0.2	1	30
基岩	24.00	3.5	48	0.21	3.9	7.5	38
直接顶	24.00	1.5	36	0.14	3.05	7.2	41
煤层	13.05	1.1	13.1	0.2	0.95	1.2	38

充填模式为沿走向长壁双条带等间距充填，选择采高 3m、4m 和 5m 三种情况进行计算分析。将覆岩及充填条带的力学参数代入式（8.30），可得到不同采高和不同隔充比情况下的上行裂隙发育高度，如表 8.11 所示。

表 8.11　不同采高和不同隔充比情况下的上行裂隙发育高度　　　（单位：m）

上行裂隙高度　采高 隔充比	3	4	5
70：20	33.59	34.89	36.19
72：17	35.64	36.94	38.24
73：15	37.71	39.01	40.31
75：12.5	39.80	41.10	42.40
78：8	55.17	56.47	57.77
80：5	59.89	61.19	62.49

由表 8.11 可知，在采高为 4m，充填间隔宽度为 75m，充填条带宽度为 12.5m 时，上行裂隙发育高度达到 41.10m；充填间隔宽度为 78m，充填条带宽度为 8m 时，上行裂隙发育高度达到 56m，接近贯穿基岩层。计算结果与物理模拟和数值计算比较吻合。

根据下行裂隙发育深度表达式（8.31），可得到不同采高和隔充比的下行裂隙发育深度，如表 8.12 所示。由表 8.12 可知，在采高为 4m 时，充填间隔宽度小于等于 72m，充填条带宽度大于 17m 时，下行裂隙发育深度为 0；当充填间隔宽度为 73m，充填条带宽度为 15m 时，出现下行裂隙；充填间隔宽度大于 78m，充填条宽度小于 8m 时，下行裂隙发育高度为 10.89m，上行裂隙与下行裂隙贯通，造成隔水层失稳。

表 8.12　不同采高和不同隔充比的下行裂隙发育深度　　　（单位：m）

下行裂隙高度　采高 隔充比	3	4	5
70：20	0	0	0
72：17	0	0	0
73：15	0.82	2.12	3.42
75：12.5	3.99	5.29	6.59
78：8	9.59	10.89	12.19
80：5	12.06	13.36	14.66

　　由表 8.11 和表 8.12，可以得到不同采高和不同隔充比时的上行裂隙高度和下行裂隙深度之和，如表 8.13 所示。可见，在采高 3～5m 时，间隔宽度达到 78m，充填宽度 8m 时，即隔充比大于 9.75 时，采动裂隙之和大于 64m，所属的有效隔水岩组厚度均小于 8m，即小于 3 倍采高 12m，隔水岩组失稳。

　　理论计算得出的裂隙发育高度和合理的充填间隔宽度和充填带宽度与物理相似模拟和数值计算结果相吻合，说明计算公式可供浅埋煤层条带充填保水开采分析参考。

表 8.13　不同条件下上行裂隙高度 h_u 与下行裂隙深度 h_d 之和　　　　　　（单位：m）

h_d+h_u　　　　采高 隔充比	3	4	5
70：20	33.59	34.89	36.19
72：17	35.64	36.94	38.24
73：15	38.53	41.13	43.73
75：12.5	43.79	46.39	48.99
78：8	64.76	67.36	69.96
80：5	71.95	74.55	77.15

8.6　本　章　小　结

　　基于陕北浅埋煤层煤水赋存条件，本书开发了固液耦合物理相似模拟技术，开展了隔水层稳定性实验研究，基于此提出了保水开采岩层控制理论，主要结论如下。

　　（1）揭示了浅埋煤层隔水层稳定性受"上行裂隙"和"下行裂隙"两类裂隙的影响。通过建立力学模型，给出了隔水岩组上行裂隙和下行裂隙的计算公式，"上行裂隙"的发育高度和"下行裂隙"的发育深度都与采高成正比，合理限制一次采高，可以控制裂隙带的发育程度，提高隔水岩组的稳定性。

　　（2）上行裂隙带和下行裂隙带在隔水岩组内的导通性决定着隔水岩组的隔水性，其主要影响因素是采高和隔水岩组的性质及其厚度。隔水岩组与采高之比，即隔采比，是衡量覆岩隔水岩组隔水性的主要指标。

　　（3）基于隔采比建立了隔水岩组隔水性判据，将保水开采分为自然保水开采类、限高保水开采类和特殊保水开采类三种类型。

（4）针对基岩较薄的特殊保水开采区，提出了条带充填保水开采技术。建立了条带充填隔水层稳定性力学模型，提出了隔水岩组稳定性判据，确定了合理的充填间隔宽度和充填带宽度的方法。

第 9 章 浅埋煤层群开采集中应力与地裂缝控制

神府东胜煤田大部分主采煤层有 3 层左右，间距 30～40m，属于浅埋近距离煤层群，实现环境友好的浅埋煤层群开采是矿区科学采矿的重大课题。浅埋近距离煤层群开采主要存在两方面问题：其一是上煤层区段煤柱集中应力影响安全生产；其二是煤层群开采形成的地表裂缝严重破坏环境。为了探索浅埋煤层群开采减缓煤柱集中压力并实现地表均匀沉降和地表裂缝耦合控制，本章以柠条塔煤矿北翼东区浅埋煤层群为背景，通过物理模拟和数值计算揭示煤层群开采中不同区段煤柱错距的间隔岩层破断规律、煤柱集中应力分布规律、覆岩和地表裂缝发育规律及地表沉降规律，掌握不同区段煤柱错距与煤柱应力集中及覆岩裂隙演化的关系，确定合理的上下煤层区段煤柱错距，避免上下煤层区段煤柱的集中应力叠加，减轻煤柱支撑影响区的岩层非均匀沉降，实现煤层群开采的应力和裂缝耦合控制，为浅埋煤层群安全绿色开采提供理论依据。

9.1 浅埋煤层群的煤柱群结构效应物理模拟

本节通过物理模拟研究，得到不同煤柱错距的覆岩垮落及煤柱垂直应力变化规律，揭示煤柱群结构影响下的地裂缝与覆岩裂隙发育规律，为确定合理的区段煤柱错距奠定基础。

9.1.1 不同煤柱错距的覆岩垮落与煤柱应力

物理模拟以柠条塔煤矿北翼东区浅埋煤层群开采为背景，主要开采 1^{-2} 煤层和 2^{-2} 煤层。煤层倾角小，为近水平煤层。1^{-2} 煤层平均厚 1.84m，2^{-2} 煤层平均厚5m，1^{-2} 煤层与 2^{-2} 煤层平均间距 30m。1^{-2} 煤层埋深 110m 左右，基岩厚度 70m，松散土层厚度 40m。开采煤层属于近距离浅埋煤层群，采用长壁一次采全高综采，1^{-2} 煤层工作面长度 245m，2^{-2} 煤层工作面长度 295m。

物理模拟实验采用平面模型，几何相似比为 1∶200，煤岩层物理力学参数及相似模拟材料配比见表 9.1 和表 9.2。按照相似定理，时间相似比为 0.071，容重、泊松比和内摩擦角的相似比均为 1，应力相似比为 0.0033。模型底部铺设称重传感器，岩层和地表设置位移测点，开采时进行位移、应力观测和覆岩裂隙照相素描。

表 9.1　煤岩层物理力学参数

层序	岩性	容重 /（kN/m³）	抗压强度 /MPa	弹性模量 /MPa	内聚力 /MPa	泊松比	体积模量 /MPa	剪切模量 /MPa
1	红土	18.6	0.29	33.42	0.086	0.35	37	12
2	砂质泥岩	25.6	6.7	2400	0.26	0.24	1539	968
3	粉砂岩	24.2	31.9	605	0.65	0.32	560	229
4	中砂岩	21.6	35.3	1599	0.8	0.29	1269	620
5	粉砂岩	24.2	41.9	605	0.65	0.32	560	229
6	中砂岩	23.3	40.6	1949	1.5	0.28	1477	761
7	1^{-2} 煤层	12.9	15.7	845	1.3	0.28	640	330
8	细砂岩	22.3	25.6	953	1.2	0.27	1005	521
9	细砂岩	22.7	29.6	1258	1.5	0.29	998	488
10	粉砂岩	24.4	46.0	995	0.9	0.30	829	383
11	细砂岩	23.4	48.5	1629	1.9	0.27	1180	641
12	粉砂岩	24.0	45.3	924	1.2	0.30	770	355
13	细砂岩	26.0	43.6	963	1.5	0.35	1369	963
14	细砂岩	23.0	45.6	2113	2.2	0.27	1531	832
15	2^{-2} 煤层	13.4	13.8	845	1.4	0.27	612	333
16	粉砂岩	23.4	20.5	135	0.15	0.34	141	51

表 9.2　相似模拟材料配比

序号	岩性	厚度 /cm	配比号	耗材（每层用量）/（kg/cm）			
				河沙	石膏	大白粉	粉煤灰
1	红土	21	河沙：黏土：硅油	河沙（8.64）：黏土（8.64）：硅油（1.92）			
2	砂质泥岩	7	928	12.9	0.288	1.152	—
3	粉砂岩	11	837	8.64	0.288	0.672	—
				4.32	0.144	0.336	
4	中砂岩	14	837	4.32	0.144	0.336	—
5	粉砂岩	3	937	4.32	0.144	0.336	—
6	中砂岩	5	828	8.53	0.213	0.853	—
7	1^{-2} 煤层	1	20：1：5：20	3.39	0.170	0.850	3.39
8	细砂岩	1.5	937	8.64	0.288	0.672	—
9	细砂岩	3	837	8.53	0.320	0.747	—
10	粉砂岩	2	828	8.53	0.213	0.853	—
11	细砂岩	3	837	8.53	0.320	0.747	—
12	粉砂岩	0.5	937	4.32	0.144	0.336	—
13	细砂岩	5.5	828	8.53	0.213	0.853	—
14	细砂岩	1	937	6.48	0.216	0.504	—
15	2^{-2} 煤层	2.5	20：1：5：20	3.39	0.170	0.850	3.39
16	粉砂岩	2	937	7.78	0.259	0.605	—

根据物理模拟，当 2^{-2} 煤层与 1^{-2} 煤层区段煤柱重叠布置时，2^{-2} 煤层煤柱应力峰值最大 [图 9.1（a）]。当上下煤柱边对边错距为 0 时，间隔岩层出现明显裂隙。

随着煤柱错距增加，集中应力不断减小 [图 9.1（b）]。当 2^{-2} 煤层与 1^{-2} 煤层的区段煤柱错距 40m（1.3 倍层间距）时，上煤层煤柱随下煤层顶板垮落而下沉，上、下煤柱应力减小 [图 9.1（c）]。

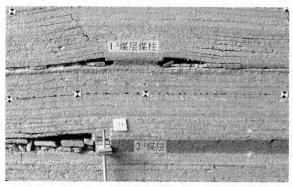

(a)重叠布置

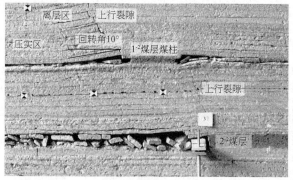

(b)错距0

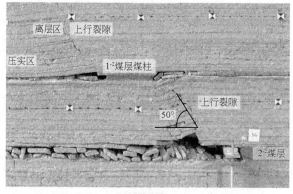

(c)错距40m

图 9.1　不同区段煤柱错距覆岩垮落形态

随着煤柱错距继续增大，当 2^{-2} 煤层煤柱处于 1^{-2} 煤层采空区的压实区时，应力开始升高。下煤层的煤柱垂直应力呈先降低、后升高的变化规律，如图 9.2 所示。

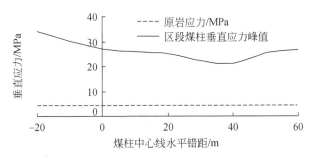

图 9.2　不同区段煤柱错距时 2^{-2} 煤层煤柱垂直应力

9.1.2　不同煤柱错距的覆岩裂隙演化规律

1. 工作面地表裂缝发育基本规律

根据对柠条塔煤矿西翼采区工作面地表裂缝实测和物理模拟，得出如下基本规律。

（1）覆岩裂隙。工作面开采后，覆岩内部不断出现离层裂隙和上行裂隙。离层裂隙由上部覆岩不同步下沉引起，随顶板下沉和垮落，在采空区中央的塌陷盆地内压实闭合。而在工作面四周边界附近，随着顶板断裂和回转，形成集中发育的"上行裂隙"。上行裂隙的发育存在一定角度（约 50°），上煤层煤柱位于破断岩层线之内时，将充分下沉，煤柱的主要应力也不再向破断线外传递。因此，煤层间岩层厚度和岩层破断角决定着充分下沉的位置，也决定着避开煤柱应力叠加的距离。

（2）地表裂缝。如图 9.3 所示，包括开切眼边界裂缝、沿工作面间区段煤柱的边界裂缝、平行工作面煤壁周期性出现的平行裂缝。其中，区段煤柱边界裂缝和平行裂缝为主要裂缝。随着工作面推进，地表平行裂缝进入下沉盆地后减小或

(a)边界裂缝　　　　　　　　　　　　　　(b)平行裂缝

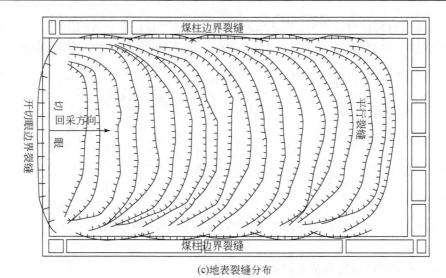

(c)地表裂缝分布

图 9.3　实测 1^{-2} 和 2^{-2} 单一煤层地表裂缝分布

闭合。而区段煤柱边界裂缝受留设煤柱位置、上下煤层区段煤柱错距等影响较大，是地表裂缝控制的主要对象。

2. 2^{-2} 煤层与 1^{-2} 煤层区段煤柱重叠布置

2^{-2} 煤层与 1^{-2} 煤层区段煤柱重叠布置时，2^{-2} 煤层间隔层顶板向左侧采空区回转断裂，导致 1^{-2} 煤层煤柱左侧叠置采空区边界裂隙明显大于右侧单一煤层开采的裂隙，如图 9.1（a）所示，下煤层开采后上煤层左侧边界裂隙宽度由原来的 0.5mm（原型 10cm）扩大到 1.5mm（原型 30cm）。

3. 2^{-2} 煤层与 1^{-2} 煤层区段煤柱错开布置

2^{-2} 煤层与 1^{-2} 煤层区段煤柱错距 15m 时，间隔层出现明显离层和上行裂隙，间隔层顶板回转，1^{-2} 煤层区段煤柱下沉，边界裂隙减小。

2^{-2} 煤层与 1^{-2} 煤层区段煤柱错距 40m 时，间隔层顶板整体破断垮落，破断角为 50°。1^{-2} 煤层区段煤柱整体沉降，煤柱支承影响区"倒梯形"顶板整体下沉（图 9.4），工作面煤柱边界上行裂隙及地表裂缝趋于闭合，前后对比如图 9.5（a）和图 9.5（c）所示。

4. 不同煤柱错距的地表沉降与裂隙演化关系

不同煤柱错距时的物理模拟地表下沉曲线如图 9.6 所示，当 2^{-2} 与 1^{-2} 煤层区段煤柱重叠布置时，煤柱群影响区（图中 300m 左右）不均匀沉降落差最大，为

3.8m。错距 30m 时，落差为 2.6m；错距 40m 时，落差迅速减小为最小（1.6m），错距继续增大落差降低减缓。研究表明，合理错距布置的煤柱群地表下沉落差减小 58%，地表均匀沉降程度大大提高。

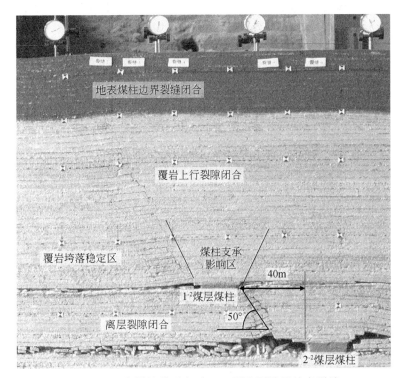

图 9.4　区段煤柱错距大于 40m 覆岩裂隙及地表裂缝

(a)重叠布置地表不均与沉降，地表裂缝增大

(b)煤柱错距40m，煤柱应力错峰，地表沉降均匀

(c)煤柱错距40m，地表均匀沉降，地表裂缝闭合

图 9.5 地表裂缝演化

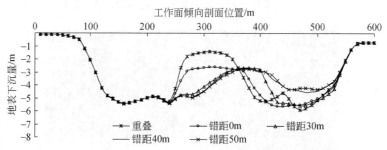

图 9.6 不同煤柱错距时地表下沉曲线

1^{-2}煤层左工作面位于 60～305m，右工作面位于 325～570m，下部煤柱右错布置

与此对应，当重叠布置时，1^{-2}煤层覆岩上行裂隙活化，不均匀沉降导致地表边界裂隙扩大［图 9.5（a）］。煤柱错距达 40m 后，1^{-2}煤层煤柱处于间隔岩层破断区［图 9.5（b）］，随破断岩层大幅下沉，煤柱压实区（应力集中区）"错开"，不均匀沉降减弱，覆岩及地表裂隙减小甚至闭合［图 9.5（c）］。

9.2　避开煤柱集中应力的区段煤柱错距计算模型

上下煤层区段煤柱的不同错距对下煤层煤柱的垂直应力有重要影响，本节结合物理模拟与数值分析，得出不同错距煤柱应力分布规律，通过建立理论计算模型得到避开煤柱集中应力合理的煤柱错距。

9.2.1　不同错距煤柱垂直应力分布规律

通过 UDEC 数值计算得出，不同区段煤柱错距时，下煤层煤柱垂直应力分布如图 9.7 和图 9.8 所示，有如下规律。

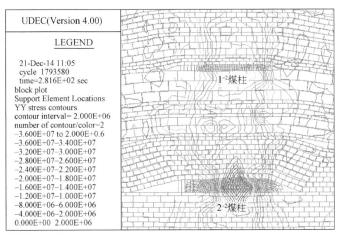

(a)重叠布置，煤柱集中应力完全叠加

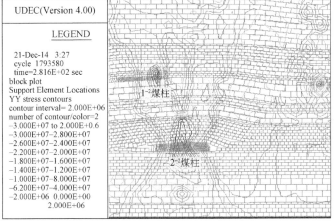

(b)错距0，煤柱集中应力部分叠加

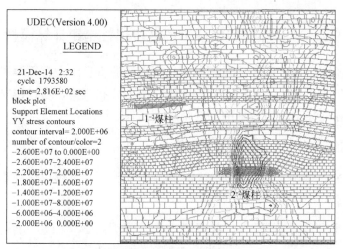

(c)错距20m，煤柱集中应力基本错

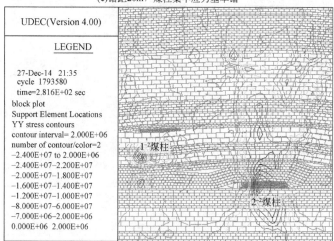

(d)错距40m，2^{-2}煤柱应力减小1^{-2}煤柱左侧压实

图 9.7　不同煤柱错距的垂直应力（见彩图）

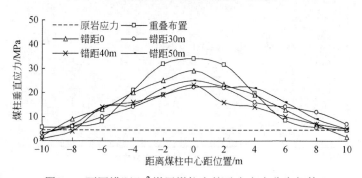

图 9.8　不同错距 2^{-2} 煤层煤柱上的垂直应力分布规律

（1）煤柱重叠布置或错距小于 0（煤柱中心线水平错距 0～20m）时，下煤层工作面前方完全处于上下煤柱叠加应力影响区内，最大应力在煤柱的中间位置，支承应力水平分布范围达到 8m，应力值保持在 20MPa 以上，导致下煤层工作面巷道围岩难以控制，煤壁容易出现片帮。

（2）随着煤柱错距的增大，下煤层煤柱垂直应力逐渐减小，当煤柱错距为 40m 时，应力大于 20MPa 的范围为 3m 左右，且煤柱上应力分布基本均匀，煤柱稳定性较好，有利于巷道维护。

（3）当错距达到 50m 时，下煤层区段煤柱处于上煤层开采的压实区中，下煤层煤柱的垂直应力值又略有增加，但增幅不大。

（4）不同错距的煤柱应力分布如图 9.8 所示，最大应力变化规律与物理模拟基本一致（图 9.2）。随着煤柱错距的增加，下煤层煤柱垂直应力峰值呈现先降低、后升高的变化特征，存在最佳区间。当煤柱重叠布置时，下煤层应力峰值最大；随着水平错距的增加，下煤层区段煤柱应力峰值不断减小；当煤柱中心距为 40m 时，下煤层煤柱应力峰值最小。煤柱错距大于 50m 后，下煤层煤柱处于上煤层采空区压实区，应力峰值又开始有所上升。

综上所述，上下煤柱布置存在合理错距，按柠条塔煤矿条件，合理错距为 40m 左右。

9.2.2　避开煤柱集中应力的区段煤柱错距

煤层群开采的合理的煤柱错距，应当避免上、下煤层区段煤柱集中应力叠加，保障安全生产；同时，减轻煤柱造成的地表非均匀沉降和裂缝发育。

合理的煤柱错距应该使下煤层巷道处于上煤层煤柱应力集中区之外，并避免煤柱错距过大而使下煤层煤柱进入上煤层采空区压实区，即使下煤层煤柱处于上煤层煤柱侧的减压区范围内。根据物理模拟和数值分析，建立避开煤柱集中应力叠加的合理煤柱错距计算模型，如图 9.9 所示。则避开上煤层煤柱集中应力的合理区段煤柱错距为

$$h\tan\varphi_1 + b \leqslant L_\sigma \leqslant h\tan\varphi_2 - a_2 - b \qquad (9.1)$$

式中，L_σ 为避免压力集中的合理煤柱错距，m；h 为上下煤层间距，m；a_1 为上煤层煤柱宽度，m；a_2 为下煤层煤柱宽度，m；b 为巷道宽度，m；φ_1 为减压区内夹角，（°）；φ_2 为减压区外夹角，（°）。

图 9.9 中，减压区内夹角 φ_1 为煤柱底板应力集中边界线与垂线的夹角，大致与间隔层破断角成余角关系。根据物理模拟，间隔层破断角为 50°，减压区内夹角为 40°。减压区外夹角 φ_2 为下煤层稳压区边界至上煤层煤柱边界连线与垂线的夹角。φ_1 和 φ_2 可按照下列公式计算：

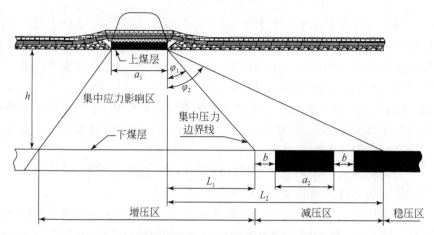

图 9.9　避开煤柱集中应力的煤柱错距计算模型

$$\tan \varphi_1 = \frac{L_1}{h} \tag{9.2}$$

$$\tan \varphi_2 = \frac{L_2}{h} \tag{9.3}$$

式中，L_1 为上煤层煤柱集中应力在下煤层的影响距离，m；L_2 为上煤层采空区压实区边界距煤柱水平距离，m。

9.3　减轻地表损害的区段煤柱错距计算模型

浅埋煤层群开采的地表裂缝产生的主要原因是地表非均匀沉降，虽然采区边界裂缝难以避免，但在沉降盆地内普遍存在的工作面区段煤柱地表裂缝，可以通过合理的煤柱布置来减弱或消除。

物理模拟表明，不同的煤柱错距对地表均匀沉降具有显著影响。1^{-2} 煤层和 2^{-2} 煤层重叠布置和边对边错距 40m 的地表下沉曲线如图 9.10 所示。可见，在地表下沉盆地内（曲线中部），煤柱重叠布置时煤柱上方的下沉最小，呈 W 形地表下沉曲线。随着煤柱错距的增加，盆地中央地表沉降趋于平缓。煤柱错距为 40m 时，盆地中央煤柱区地表沉降落差减少约 45%。模拟还表明，工作面按照合理的错距布置，可以实现煤层群开采地表盆地均匀沉降。图 9.11 为柠条塔煤矿北翼东区 1^{-2} 煤层、2^{-2} 煤层和 3^{-1} 煤层（厚度 2.7m，与上煤层间距 36m）开采，通过合理的工作面错距布置，盆地内地表趋于平坦。

根据物理模拟，当上煤层煤柱进入下煤层顶板充分垮落压实区，煤柱充分下沉，释放煤柱支撑影响区的非均匀沉降，地层趋于均匀沉降，煤柱边界裂缝明显减小或闭合，如图 9.12 所示。则实现地表均匀沉降和减轻地表裂缝的合理煤柱错

距为

$$L_\varepsilon \leqslant l_1 + l_2 \tag{9.4}$$

式中，l_1 为上煤层煤柱与顶板压实区距离，m；l_2 为下煤层煤柱与顶板压实区距离，m。

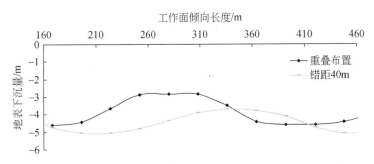

图 9.10　不同煤柱错距地表下沉曲线

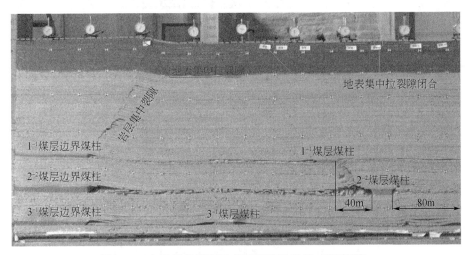

图 9.11　合理煤柱错距地表下沉盆地平坦（见彩图）

根据物理模拟，顶板压实区是由顶板结构自煤柱边界向采空区的回转运动造成，设 α_1 为上煤层顶板回转至压实区的平均回转角，α_2 为下煤层顶板回转至压实区的平均回转角，如图 9.13 所示，则有 $l_2 = \dfrac{m_2}{\tan \alpha_2}$，$l_1 = \dfrac{m_1}{\tan \alpha_1}$。可得，上、下煤层合理煤柱错距为

$$L_\varepsilon \geqslant \frac{m_1}{\tan \alpha_1} + \frac{m_2}{\tan \alpha_2} \tag{9.5}$$

式中，L_ε 为减轻地表裂缝的合理煤柱错距，m；m_1 为上煤层采高，m；m_2 为下煤层采高，m；α_1 为上煤层顶板压实回转角；α_2 为下煤层顶板压实回转角，(°)。

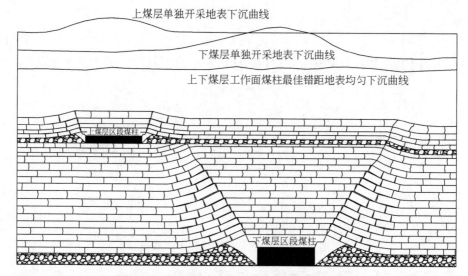

图 9.12　煤层群开采地表均匀沉降机理示意图

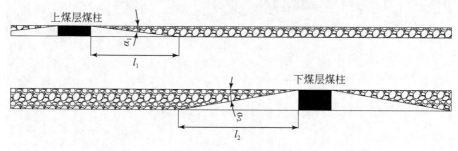

图 9.13　地表均匀沉降的煤柱错距计算模型

9.4　兼顾应力和裂隙耦合控制的煤柱错距确定

（1）浅埋煤层群开采中，采用合理的煤柱错距，使下煤层区段煤柱位于应力降压区［式（9.1）］，同时兼顾地表均匀沉降和裂缝控制［式（9.5）］，就可实现环境友好的安全开采。则兼顾煤柱应力集中和地表裂缝耦合控制的煤柱错距为

$$L \subseteq L_\varepsilon \bigcap L_\sigma \tag{9.6}$$

式中，L 为合理的上下煤柱错距，m。

（2）柠条塔煤层群合理区段煤柱错距确定

根据矿区地质条件，该区煤层倾角 1° 左右，目前主采煤层 2 层，分别为 1^{-2} 煤层（上煤层）和 2^{-2} 煤层（下煤层），1^{-2} 煤层平均厚度 $m_1=2.0$m，2^{-2} 煤层平均

厚度 m_2=5.0m，h=33m，上、下煤层煤柱宽度 a_1=a_2=20m，2^{-2} 煤层巷道 b=5m。根据物理模拟实验，1^{-2} 煤层应力传递角 φ_1=40°，φ_2=70°，顶板回转角 α_1 和 α_2 都取 10°。

由式（9.1）计算可得 35m≤ L_σ ≤71m；由式（9.5）计算可得 L_ε ≥11.3+28.4 ≈40m；由判据式（9.6）可得 L=40～71（m）。

即兼顾减缓地应力集中和地裂缝发育的合理煤柱错距为 40～71m，与物理模拟结果一致。

9.5 本 章 小 结

总体上，关于浅埋近距离煤层群开采兼顾应力和裂隙耦合控制，本章取得如下认识。

（1）浅埋近距离煤层群开采过程中，随着上、下煤层区段煤柱错距的增大，下煤层区段煤柱垂直应力呈现先降低、后升高的特征，存在最佳区间。区段煤柱造成的地表煤柱边界裂缝是地表主要裂缝，可以通过合理区段煤柱错距使地表裂隙减小或闭合。

（2）煤柱集中应力和地表裂缝都与不均匀沉降有关，通过合理布置上下煤柱错距，减弱煤柱支撑区的不均匀沉降，既可以减小煤柱集中应力，又可以减轻地裂缝发育，存在耦合控制效应。

（3）通过计算避开上煤层煤柱集中应力和实现地表均匀沉降的煤柱错距，取两个判据结果的交集，确定合理区段煤柱错距范围。

参 考 文 献

[1] 黄庆享. 浅埋煤层长壁开采顶板结构及岩层控制研究[M]. 徐州: 中国矿业大学出版社, 2000.

[2] 钱鸣高, 缪协兴, 何富连. 采场"砌体梁"结构的关键块分析[J]. 煤炭学报, 1994, 19(6): 557-563.

[3] 宋振骐, 蒋宇静. 采场顶板控制设计中几个问题的分析探讨[J]. 矿山压力, 1986, 3(1): 1-9.

[4] 赵宏珠. 浅埋采动煤层工作面矿压规律研究[J]. 矿山压力与顶板管理, 1996, 13(2): 23-27.

[5] 霍勒尔瓦依特 B. 浅部长壁法开采效果的地质技术评价[J]. 煤炭科研参考资料, 1984, (2): 24-28.

[6] HOLLA L, BUIZEN M. Strata movement due to shallow longwall mining and the effect on ground permeability[J]. Aus IMM Bulletin and Proceedings, 1990, 295(1): 11-18.

[7] 黄庆享. 浅埋煤层的矿压特征与浅埋煤层定义[J]. 岩石力学与工程学报, 2002, 21(8): 1174-1177.

[8] 黄庆享, 石平五, 钱鸣高. 采场老顶岩块端角摩擦与端角挤压系数分析确定[J]. 岩土力学, 2000, 21(1): 60-63.

[9] 布雷迪 B H G, 布朗 E T. 地下采矿岩石力学[M]. 冯树仁, 译. 北京: 煤炭工业出版社, 1990: 88-103.

[10] 于学馥, 郑颖人, 刘怀恒, 等. 地下工程围岩稳定分析[M]. 北京: 煤炭工业出版社, 1983: 12.

[11] 周维垣. 高等岩石力学[M]. 北京: 水利电力出版社, 1990: 29-33.

[12] 黄庆享. 采场老顶初次来压的结构分析[J]. 岩石力学与工程学报, 1998, 17(5): 521-526.

[13] 黄庆享, 钱鸣高, 石平五. 浅埋煤层顶板周期来压结构分析[J]. 煤炭学报, 1999, 24(6): 581-585.

[14] 李世平. 岩石力学简明教程[M]. 徐州: 中国矿业大学出版社, 1986: 139-144.

[15] 黄庆享, 刘文岗, 张沛. 动载荷智能数据实时采集系统开发及其应用[J]. 西安科技大学学报, 2004, 24(4): 402-405.

[16] 黄庆享, 张沛, 刘文岗. 厚砂土覆盖层采动破坏形态和机理分析[J]. 矿山压力与顶板管理, 2004, 21(S1): 13-16.

[17] 黄庆享, 张沛. 厚砂土层下顶板关键块上的动态载荷传递规律[J]. 岩石力学与工程学报, 2004, 23(24): 4179-4182.

[18] 鞠金峰, 许家林, 朱卫兵, 等. 7.0m 支架综采面矿压显现规律研究[J]. 采矿与安全工程学报, 2012, 29(3): 344-350.

[19] 黄庆享, 周金龙. 浅埋煤层大采高工作面矿压规律及顶板结构研究[J]. 煤炭学报, 2016, 41(S2): 279-286.

[20] 杨孟达. 煤矿地质学[M]. 北京: 煤炭工业出版社, 2009.

[21] 钱鸣高, 石平五, 许家林. 矿山压力与岩层控制[M]. 徐州: 中国矿业大学出版社, 2010.

[22] 黄庆享, 马龙涛, 董博, 等. 大采高工作面等效直接顶与顶板结构研究[J]. 西安科技大学学报, 2015, 35(5): 541-546.

[23] 黄庆享, 刘建浩. 浅埋大采高工作面煤壁片帮的柱条模型分析[J]. 采矿与安全工程学报, 2015, 32(2): 187-191.

[24] 宁宇. 大采高综采煤壁片帮冒顶机理与控制技术[J]. 煤炭学报, 2009, 34(1): 51-53.

[25] 高登彦, 杨金楼. 大柳塔煤矿 52 煤 7m 大采高综采工作面支架工作阻力分析[J]. 中国矿业, 2016, 25(2): 80-84.

[26] 张艳伟, 王方田, 宋启, 等. 松软顶板采场煤壁片帮与顶板冒落作用机理研究[J]. 煤炭工程, 2016, 48(4):

78-81.

[27] 李亚军. 大采高工作面片帮冒顶机理及防治技术[J]. 煤矿开采, 2014, (4): 106-107.

[28] 黄庆享. 厚沙土层在顶板关键层上的载荷传递因子研究[J]. 岩土工程学报, 2005, 27(6): 672-676.

[29] 王双明, 黄庆享, 范立民, 等. 生态脆弱区煤炭开发与生态水位保护[M]. 北京: 科学出版社, 2010: 148-149.

[30] 黄庆享. 浅埋煤层保水开采隔水层稳定性的模拟研究[J]. 岩石力学与工程学报, 2009, 28(5): 988-992.

[31] 黄庆享, 蔚保宁, 张文忠. 浅埋煤层黏土隔水层下行裂隙弥合研究[J]. 采矿与安全工程学报, 2010, 27(1): 35-39.

[32] 黄庆享. 浅埋煤层覆岩隔水性与保水开采分类[J]. 岩石力学与工程学报, 2010, 29(S2): 3622-3627.

[33] 黄庆享. 浅埋煤层保水开采岩层控制研究[J]. 煤炭学报, 2017, 42(1): 50-55.

[34] 黄庆享, 张文忠. 浅埋煤层条带充填保水开采岩层控制[M]. 北京: 科学出版社, 2014: 95-127.

[35] 黄庆享, 张文忠. 浅埋煤层条带充填隔水岩组力学模型分析[J]. 煤炭学报, 2015, 40(5): 973-978.

[36] 黄庆享. 地层模拟实验用多介质耦合装置: ZL201010275048.5[P]. 2013-04-24.

[37] 格维尔茨曼. 水体下安全采煤[M]. 于振海, 译. 北京: 煤炭工业出版社, 1980: 7-9.

[38] 邹友峰, 邓喀中, 马伟民. 矿山开采沉陷工程[M]. 徐州: 中国矿业大学出版社, 2003: 14, 295-299.

[39] 国家煤炭工业局. 建筑物、水体、铁路及主要井巷煤柱留设与压煤开采规程[M]. 北京: 煤炭工业出版社, 2000: 226-235.

[40] 王双明, 黄庆享, 范立民, 等. 生态脆弱矿区含(隔)水层特征及保水开采分区研究[J]. 煤炭学报, 2010, 35(1): 8-14.

[41] 范立民, 王双明, 马雄德. 保水采煤新思路的典型实例[J]. 矿业安全与环保, 2009, 36(1): 61-65.

[42] 孙恒虎. 高水固结充填采矿[M]. 北京: 机械工业出版社, 1998: 131-135.

彩　　图

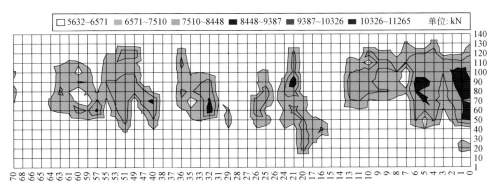

图 3.8　工作面末采期间工作面压力曲面图

横坐标为工作面到停采线的距离，m；纵坐标为自下而上沿工作面煤壁位置，m

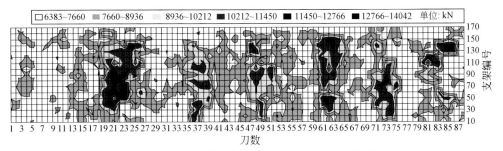

图 3.14　42301 工作面初次来压支架工作阻力曲线图

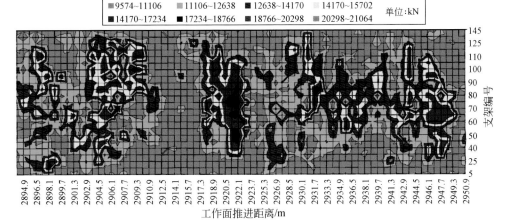

图 3.23　工作面正常回采期间的周期来压曲面图

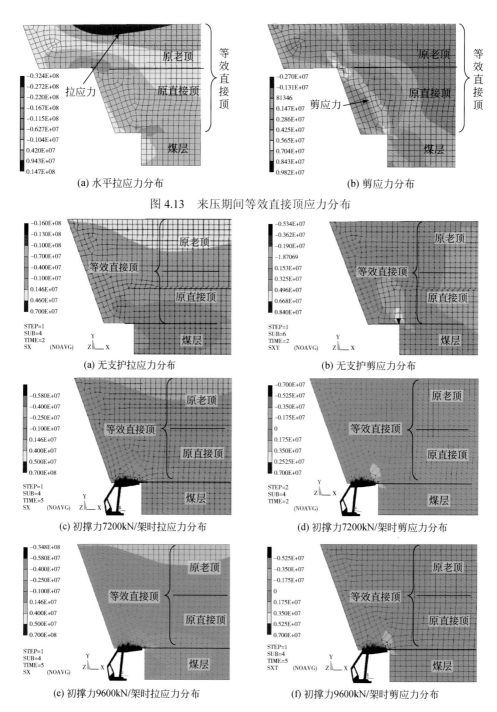

（a）水平拉应力分布　　　　　　　　　　　（b）剪应力分布

图 4.13　来压期间等效直接顶应力分布

（a）无支护拉应力分布　　　　　　　　　　（b）无支护剪应力分布

（c）初撑力7200kN/架时拉应力分布　　　　（d）初撑力7200kN/架时剪应力分布

（e）初撑力9600kN/架时拉应力分布　　　　（f）初撑力9600kN/架时剪应力分布

图 4.14　不同支护阻力应力分布特征

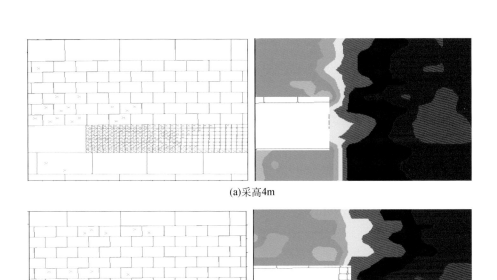

(a)采高4m

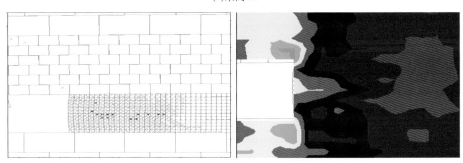

(b)采高5m

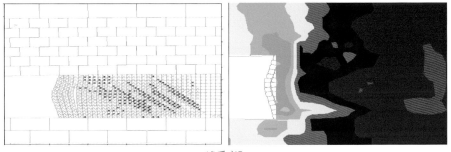

(c)采高6m

(d)采高7m

图 6.4　煤壁柱条的形成

各分图左侧为塑性区及水平位移图，右侧为垂直应力图

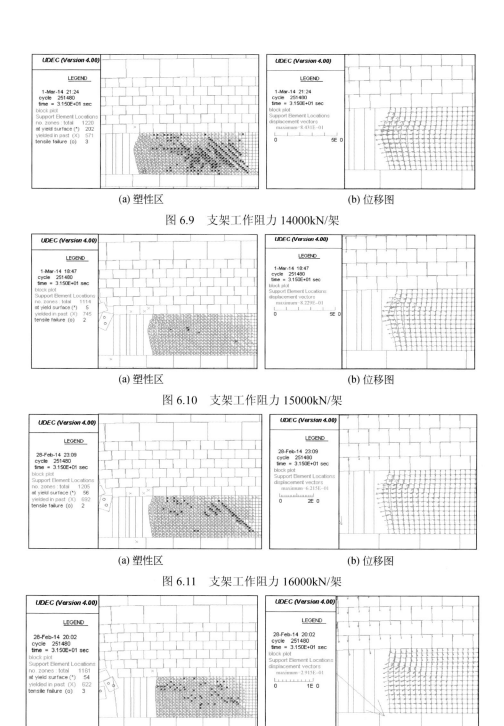

(a) 塑性区　　　　　　　　　　　　　　(b) 位移图

图 6.9　支架工作阻力 14000kN/架

(a) 塑性区　　　　　　　　　　　　　　(b) 位移图

图 6.10　支架工作阻力 15000kN/架

(a) 塑性区　　　　　　　　　　　　　　(b) 位移图

图 6.11　支架工作阻力 16000kN/架

(a) 塑性区　　　　　　　　　　　　　　(b) 位移图

图 6.12　支架工作阻力 17000kN/架

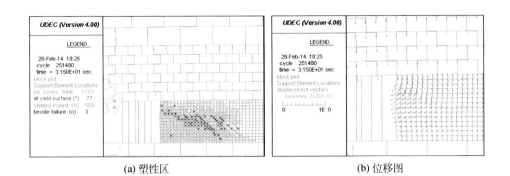

(a) 塑性区   (b) 位移图

图 6.13   支架工作阻力 18000kN/架

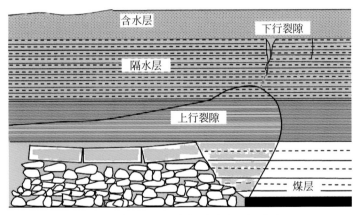

图 8.16   采动覆岩"上行裂隙和下行裂隙"

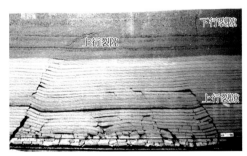 

(a)单层煤开采"上行裂隙"与   (b)两层煤开采后"上行裂隙"和
    "下行裂隙"未导通   "下行裂隙"贯穿隔水层

图 8.17   "上行裂隙"和"下行裂隙"

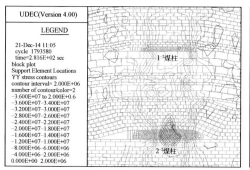
(a)重叠布置，煤柱集中应力完全叠加

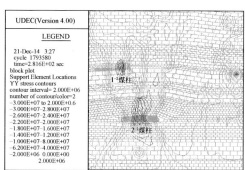
(b)错距0，煤柱集中应力部分叠加

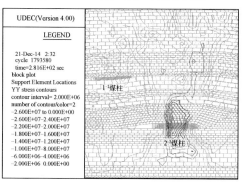
(c)错距20m，煤柱集中应力基本错

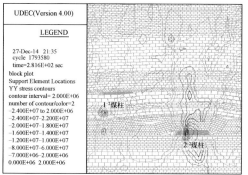
(d)错距40m，2⁻²煤柱应力减小1⁻²煤柱左侧压实

图 9.7　不同煤柱错距的垂直应力

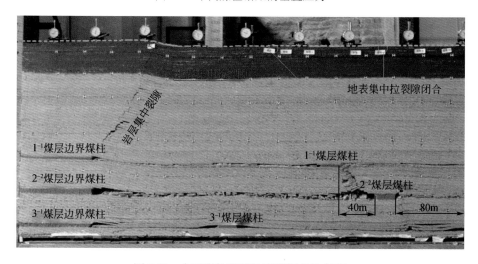
图 9.11　合理煤柱错距地表下沉盆地平坦